国鉄型ヘッドマーク写真資料集

目次

【索引】

ヘッドマークとは

はじめに

　列車の正面や後部、側面などに表示される、愛称や絵柄などは総じて『トレインマーク』といわれる。中でも車両の前面に表示されるものをヘッドマーク……というわけではない。

　確かに車両の先頭にあるのでヘッドなマークではあるのだけれど、厳密には「物理的な立体を掲げているもの」を指してヘッドマークという。列車の先頭にある幕式やLEDの愛称表示はヘッドマークではない、ということなのだ。

　本書では、こうして機関車や電車、気動車、客車に掲げられた物理的なマークの写真を集めた資料集だ。主に寝台特急、特急のヘッドマークを中心に、ジョイフルトレインやイベント列車、急行/準急/快速などなど、絵柄や形状、作りの面白いものを中心に集めた。

　タイトルにもあるようにメインとなるのは国鉄時代のヘッドマークだが、その意匠を継いだもの、面白みのあるものを含めて一部民営化後のものまでを収録している。また、カラーの写真を優先しているため、モノクロの多い時代のものは本書では省かれていることをご了承いただきたい。

トレインマークと列車愛称のはじまり

　現在では様々な列車に愛称が付けられているが、元来、列車には愛称はなく行先や等級を表すワードだけだった。

　愛称の始まりは、今から約100年前の1929年。第2次世界大戦よりもずっと前の話だ。東京～下関間の1等2等特急列車、3等特急列車に付けられた『富士』『櫻』がすべての始まりだ。

　それまで「下関行1、2等特別急行1列車」のようになっていたものを『富士』とわかりやすくしたのだ。

　同時に3等列車を『櫻』とし、それぞれ列車後部にある展望車にマークも設置した。これがテールマークの始まりで、現在に続くトレインマークの始祖となっている。

　『富士』のテールマークは、山の形に切りぬかれた板に、群青をベースカラーとして、白で文字や絵柄を示した。

　実は、1等列車の切符及び列車側面ライン色は白で、2等列車の切符及び列車側面ライン色は青だったため、色

1930年の『富士』。テールマークはホーローの板だというのがよくわかる

こちらは1960年代の富士。当初からカラーリングはこのようだったらしい

『櫻』。こちらは1985年の国鉄本社によるもの。当時のテールマークの様子を再現したものらしい

当初の『燕』テールマークのレプリカ。初めて行燈式が作られた（協力：京都鉄道博物館）

で一瞬で判別できる秀逸なデザインでもあったのだ。

　同様に『櫻』のテールマークは、円形に切りぬかれた板に緑をベースカラーとして、赤で花びらを描いた。3等列車のカラーが赤だったためだ。※1

　これが好評だったことから、翌1930年の10月に『燕』が誕生する。これは東京〜神戸間を9時間で結ぶ特急で、この時初めてテールマークに行燈型のものが作られた。直径800mm、厚さ150mm、中に電球が4つ入っており、夜間にも視認性がよいように作られた。以降この形のテールマークが特急列車に付けられていくことになった。

※1
列車愛称名は公募によるものだった。1位が富士、2位が燕、3位が櫻、以降旭、隼、鳩、大和、鷗、千鳥、疾風となっていた。デザインの観点もあって富士と櫻が選ばれたという

ヘッドマークのはじまり

　第2次世界大戦があり、国鉄から特急列車そのものが消えてしまったが、戦後4年となる1949年にようやく特急列車を復活させることとなった。

　東京〜大阪間を結ぶ特急列車で、『富士』『櫻』の愛称復活を期待する声もあったが、当時国鉄副総裁だった加賀山之雄氏によって『へいわ』と平仮名の愛称が決められ、鳩を象ったマークが付けられている。このデザインを担当したのが、後に寝台特急のヘッドマークを数多く担当する黒岩保美氏だった。

戦後最初の特急列車となった『へいわ』。1949年9月8日のお披露目の際は、制作が間に合わずケント紙に描かれた絵をテールマークに入れた

黒岩氏によって再デザインされた『つばめ』のヘッドマークが付けられた

　翌1950年、いまいち『へいわ』の愛称が馴染めなかったためか『つばめ』に改称。かつての『燕』のテールマークのデザインを引き継ぎ、少しアレンジされたマークが生まれている。また、姉妹列車として『はと』が誕生。『へいわ』を継いだマークが作られた。

　この『つばめ』がヘッドマーク誕生の契機となった。

　1950年11月より、『つばめ』を牽引する宮原機関区のC62蒸気機関車の先頭に、マークを装着して走行させた。大阪〜浜松間という限定された区間だけだったが、これが大好評を博したのだ。直径660mmのヘッドマークがこの時に誕生した。

　好評を受け東京でもEF57にヘッドマークをつけることとなった。ただし、テールマークをベースとしたため、当初は直径800mmのものをつけていたという。

　以降、1954年には国鉄内部でヘッドマークの規定が定められ、多くの特急列車や急行列車にヘッドマークが付けられていくこととなっていった。

戦時中、ヘボン式ローマ字が禁止されたためHUZI表記になっていた『富士』のテール（レプリカ。協力：京都鉄道博物館）

戦後、日本の鉄道に付けられたマークは、連合軍のもの。こちらは連合軍の司令官専用列車『THE OCTAGONIAN』（協力：京都鉄道博物館）

ブルートレイン人気を創出した『あさかぜ』。後の20系客車で人気が爆発する

電車特急『こだま』。ヘッドマークの部分は、取り換えられる仕様になっていなかった

ヘッドマーク復活の熱意を込めて作られた、田端機関区の『つばさ』

ヘッドマークの終息

1956年に東海道本線が全線電化。それを受け、東京〜博多間に寝台特急『あさかぜ』が誕生する。2年後に20系客車に一新した『あさかぜ』はその快適性が受け、ブルートレインブームを生み出した。

次々に寝台特急が登場し、様々なヘッドマークが生まれた。

一方、1958年には電車特急151系による『こだま』が誕生。ヘッドマークの華やかなりし頃だったが、文字による愛称名表示となった。これは、「こだま」が具体的な物事ではなく、抽象的な事象であるため絵にしづらかったためだという。この「文字のみの愛称表示」が、電車特急／気動車特急の普及と同時に大きく広がっていく。

1957年ごろからヘッドマークブームは広がっていき、九州や四国などでヘッドマークが多くみられるようになった。そして1960年代には、急行や準急の多くにヘッドマークが付けられるようになっている。

ヘッドマーク隆盛の一方、国鉄では、旅客サービス向上のために列車増発、スピードアップ、きめ細かい車両運用と改革を進めた。これがヘッドマークには仇となる。機関車など車両運用の複雑化のため、ヘッドマークの付け替えに労力がかかるようになっていったことから、急速にすたれていく。

1969年に門司鉄道管理局の電気機関車、続いて九州内のディーゼル機関車からヘッドマークが消えた。これが全国に波及していく。

1973年10月以降は、東海道・山陽系統のみとなり、さらに1975年には関西発着の列車からも消えた。

以降、東京機関区が担当する東京発着のブルートレイン以外、業務の合理化を理由に寝台特急のヘッドマークは廃止となった。

ヘッドマークの復活

合理化の波に消えたヘッドマークだが、求心力が衰えたわけではなかった。

当時、運用の終了したヘッドマークの一部は、ゴミ箱の蓋にされるなどしていたが、田端機関区の有志がヘッドマーク復活の機運を上げるため、独自に『つばさ』のヘッドマークを作成。機関車で運用される臨時の『つばさ』に取り付けて走らせたりした。

復活への大きなきっかけの1つが、1979年7月に運転された『ミステリートレイン 銀河鉄道999号』だった。この時、SLの先頭に『999』のヘッドマークが掲げられ注目を集めたことから、以降、イベント列車にヘッドマークが掲げられることが増えていった。

そんな機運を受けたのか、1984年2月、門司鉄道管理局ではブルートレインのヘッドマークを復活させる。続い

ヘッドマーク人気の回帰を誘った『ミステリートレイン銀河鉄道999号』

て同年 10 月に田端機関区が受け持つ区間でヘッドマーク
が復活。上野〜黒磯間の『あけぼの』、上野〜水戸間の『ゆ
うづる』に取り付けられた。

そしてついに 1985 年 3 月、国鉄本社はブルートレイ
ンのマークを全国的に復活させることとしたのである。

絵幕とトレインマーク

一方、電車特急、気動車特急で普及した「文字のヘッ
ドマーク」だが、こちらも転機が訪れる。

151 系 /181 系や、キハ 80 系、キハ 181 系などでは
取り換え式のヘッドマーク（愛称表示）が採用されてい
たが、1967 年に登場した 583 系や 1972 年に登場した
183 系、485 系貫通型などでは、愛称表示に幕式（巻取式）
を採用したのである。

これは行先表示をビニールの幕に印刷し、ロール状に
したもので、車両前面に格納できるため、列車の運用を非常
に容易にした。これが絵柄復活を後押しすることとなる。

ヘッドマークのように、運用が煩雑にならないため、文
字でも絵柄でも構わないわけだ。

1978 年 10 月に列車体系の再編や愛称の一部統合など
を予定していたが、そのタイミングでトレインマークを設
定することとなった。国鉄のイメージアップを図りつつ、
ヘッドマークのように運用の煩雑さがないというのが決
め手だったようだ。

こうして、ヘッドマークの頃にあったデザインが特急
列車のマークに取り入れられたり、新たなマークが以降
追加されていくことになる。逆にここで設定されたトレ
インマークをベースに寝台特急のヘッドマークが作られ
ていくこともあった。

ヘッドマークの面白さ

ヘッドマークのどこに面白さを見出すかは各人各様だ
と思うが、本書ではその中でも、「職人の手作り」であっ
たことに注目したい。

国鉄本社から送られてくる図面をもとに、各機関区や
工場で職人が 1 からスクラッチしていたのである。電子
制御の機械加工で同じものがマニュファクチャリングさ
れるわけではないのだ。板金を切り、曲げ、溶接し、塗
装する（1990 年代頃からは塗装やシール張りなどもある
が）。同じように見えて同じヘッドマークはないし、同じ
ように見えないものももちろんある。

デザインの先、現実に落とし込んでいった部分をこの
本で垣間見ていただいたら幸いである。

字幕から絵幕へ。1978 年 10 月のダイヤ改正で、トレインマークが
特急に復活。上は 583 系、下は 485 系

寝台特急

さくら

1977年にEF65に付けられていた本
州タイプ。桜の花びらを銀の縁で象
り、白地にピンクの花びら。周りに
金のリングがついている

1923年から東京〜下関間で運行された特急『櫻』
が名称の起源。終戦後、東京〜大阪間を走る不定
期特急として再登場。1959年から東京〜長崎間を
結ぶ寝台特急として運行。国鉄初のネームドトレ
インで、富士とともに1929年に命名された。

当初、客車のテールについていたさくらは、緑地にピンクのテー
ルマークだった

DATA

寝台特急さくら	1959年7月20日〜2005年2月28日	東京〜長崎・佐世保	廃止。名称を九州新幹線に継承
前身・並列列車			
特別急行櫻	1923年7月1日〜1942年11月14日	東京〜下関	1929年9月15日に『櫻』命名
臨時特急さくら	1951年4月1日〜1951年5月10日	東京〜大阪	
特急さくら	1955年3月19日〜1958年9月30日	東京〜大阪	

1960 年代まで九州で使われていたタイプ。白地にピンクの花びらは一緒だが、縁取りはすべて黒。また文字が全体的に歪み気味。九州タイプのヘッドマークなので、お椀型に膨らんでいる

上のものと変わらないように見えるが、文字の形や位置などが違っている

1984 年の ED75。さくらの文字と縁取りが銀、アルファベットと周りのリングが金。文字が全体的に整っている

1978 年の EF65。ピンク地に、白い花びらと色味が逆になっている。そして文字やふちどり、リングも金だ

1985 年 3 月のダイヤ改正時用に用意
されたヘッドマーク。緑の地にピンク
の花びら。縁取りは銀で、リング
は金。そして文字は平仮名もアルファ
ベットも緑。これは『櫻』のテールマー
クを復刻したデザインのようだ

1986 年に EF66 につけ
られていたもの。リベッ
ト感などはなく、若干ひ
らがなの文字が細い

1985 年 10 月の EF30。こちらは九
州タイプだが、緑地にピンクの花び
ら。文字の緑まで一緒だが、縁取り
は白となっている

こちらも 1985 年の EF30。一見、遅
いがなさそうだが、さくらの「ら」
の点の位置が異なっている

1988 年の ED76。こちらは、「ら」
の字がしっかりしているほか、緑色
で紛れているが周囲にリング状のも
のが付けられている

1960年代まで長崎本線や佐世保線で
使われていたもの

1968年に、DD51に取り付けら
れていたタイプ。白地で花びら
の部分も白のままになっている
（協力：九州鉄道記念館）

九州でSLに付けられていたもの。
青地にピンクの花びら、黒い文字
という、他にはない色の取り合わ
せになっている

かつて SL に取り付けられていた
ころのヘッドマーク。斜めに「さ
くら」の文字が配されて、左右に
花びらが舞っている。『つばめ』の
ヘッドマークに似たレイアウトだ
（協力：京都鉄道博物館）

上のものと同じ位置取りで、地が緑
になっているもの（協力：京都鉄道
博物館）

基本的なレイアウトは SL 用と一緒だ
が、さくらの文字が太くなり、地色
が黒になった電気機関車用のもの

富士

1985 年のダイヤ改正時用に国鉄本社
が用意したヘッドマーク。青の地に、
文字が白。山を象る縁取りはシルバー
となっている。またリベットなどが
よく目立っている

1964 年に東京～大分間で特急運行開始。翌年
に延長し、日本最長の定期旅客列車に。『富士』
は『櫻』と共に国鉄最初の列車愛称で、1929
年に誕生。青地に白の富士山型のテールマーク
はホーロー引きの平板で、同年から最後尾に掲
げられていた。

正面から見ると本州用と変わらないが、九州の電気機関車用の
ヘッドマーク。こちらは縁取りまで含めて白になっているほか、
リベットなどが全く目立たないように作られている
（協力：九州鉄道記念館）

DATA

寝台特急富士	1964年10月１日～2009年3月13日	東京～大分・西鹿児島	廃止
前身・並列列車			
特別急行富士	1912年６月15日～1914年12月19日	新橋～下関	名称なし。東京駅開業で東京発着に
特別急行富士	1914年12月20日～1944年3月31日	東京～下関	『富士』命名は1929年９月15日
特急富士	1961年10月１日～1964年9月30日	東京～神戸・宇野	

1986年にEF66に付けられていたもの。枠は白いが、固定用の鋲が目立つ。前ページの富士と比べると、山の頂上の冠雪部分のラインが異なっているのがわかる。左右を反転させたような形だ

1985年にEF81に付けられていたもの。基本的に九州電気機関車用と同じ形状と塗り分けだが、山のすそ野に縦方向に穴が開いている

太平洋戦争中、ローマ字の表記がヘボン式から日本式に変更になった。富士にあったテールマークもHUZIに。写真は当時品のレプリカ（協力：京都鉄道博物館）

1930年代の『富士』。マイテ37010の展望台部分にテールマークが付けられており、当初から富士山の形をしていたこと、FUJIと表記されていたことが分かる

1984年に門司機関区では全国に先
駆けてブルートレインにヘッドマー
クを復活させたが、その時準備され
たヘッドマーク。1960年代にもあっ
た丸富士の形を継いだ

富士

FUJI

富士

FUJI

1979年のEF65。東京機関区ではこの
時期でも富士のヘッドマークは現役で
使われており、丸富士となっていた

富士

FUJI

富士のヘッドマークデザインの変更が図ら
れ、国鉄本社が下関運転所クラフトセンターに
1984年9月ごろに依頼。北斎の赤富士がモチー
フとなっており、鋼板ベースに富士山本体はア
クリルを赤に塗装、雪に見立てた磨いたアルミ
板で構成された。残念ながら不採用となった
（協力：九州鉄道記念館）

17

あさかぜ

本州タイプの基本的なデザイン。文字と内側の枠が金、風と外側の枠が銀となっている

ビジネス客をターゲット層に東京〜博多間を結ぶ特急として1956年に登場。当初から需要は高く、1958年から投入された20系客車により最初のブルートレインとして「動くホテル」とも呼ばれ人気を博した。『さちかぜ』とともに気象現象を名称に関した初の列車。

1977年当時EF65につけられていたもの。金・銀の部分が劣化して青黒くなってしまっている

DATA

寝台特急あさかぜ	1956年11月19日〜2005年2月28日	東京〜博多	廃止
前身・並列列車			
なし			

こちらも劣化してしまっているが EF65 につけられていたもの。アルファベットが細く、一番下の風が短い

1986 年に EF66 につけられていたもの。「ぜ」の濁点が寝かせ気味

1987 年に EF66 につけられていたもの。内側の金枠が細く、上下の風が全体的にカールしている

1992 年の EF66。基本的な形状は 1987 年のものと変わらないが、全体的にエンボスの度合いが強い

こちらも 1987 年の EF66 だが、内枠外枠ともに細く、アルファベットも細い。風は、基本と同様にシャープだ

2005 年の引退ラストランの際につけられていたヘッドマーク。リベット留めの様なデザインで全体的に作り直され、日付が入っている

蒸気機関車につけられていた九州タイプのヘッドマーク。枠や風がリベットで留められているのがわかる。本州タイプと異なり、地の色以外すべて金色で、下の風が3本というのが特徴

1984年の九州マーク復活時につけられていたヘッドマーク。蒸気機関車のものとデザインは一緒だ

同じく1984年のもの。下の風が2本となっている

1985年にEF81につけられていたもの。下の風が2本のほか、仮名が太め

1977年当時、門司機関区に残されて
いたもの。カラーリングが全く異なっ
ているほか、上の風の角度がやや急、
下の風は45度ほどの角度で3本突き
上げるようになっており、ほかのも
のとずいぶんデザインが異なる

1969年まで使われていたもの。
白地に金だが、風のデザインは
シャープで3本タイプだ

1989年のEF81。左の1985年のものと
ほぼ同様だが、下の風の形状が異なる

1987年のEF81。白地に
金だが、風のデザインは
下3本。ただし、少しカー
ルしている

はやぶさ

1977 年に EF65 に付けられていた
ヘッドマーク。はやぶさ本体はグレー
で、縁取りが銀。文字と枠が金色だ

1958 年に登場。EF65 による本州ロングラン牽引
などを経て、1997 年まで東京〜西鹿児島間を走
った。定期夜行列車として『はな』『あかつき』
廃止後も運行。列車前面に掲げられ始めたヘッド
マークの一つで、隼を象ったデザインが特徴。

DATA

寝台特急はやぶさ	1958年10月1日〜2009年3月13日	東京〜西鹿児島	廃止。後に名称のみ東北新幹線に継承
前身・並列列車			
なし			

1986 年に EF66 に付けられていたもの。本体が濃いグレーなほか、文字や枠にリベットが見える。くちばしも離れ気味で太め

1963 年に EF58 につけられていたもの。「はやぶさ」の文字がふっくらとエンボスしている

1979 年の EF65。本体がかなり薄いグレーなうえ、縁取りがとても細い

1985 年の EF66 40。文字の厚みがあり、はやぶさ本体と縁取りの高さが一緒。目が大きく出っ張っているほか、「ぶ」の点が縦気味

1986 年の EF66 45。くちばしが離れていないほか、「ぶ」の字がふっくらしている

1985 年の EF66 50。くちばしが離れていないほか、目が出っ張っていて、「ぶ」の字がまるっこく、点が離れ細い

九州のはやぶさ。1969年まで使われ
ていたもの。お椀型であること以外、
前ページの本州のものとほぼ変わり
がない

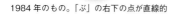

1984年のもの。「ぶ」の右下の点が直線的

はやぶさ本体が真っ黒のもの。また、お椀の絞りが深い

1969年まで使われていたもの。はやぶさ本体は緑で、縁取りは黒の描き線。目が丸。リングが外周になく内側に入っている。ひらがなの並びが崩れ気味で、HAYABUSAも手描きのようだ

左の物に近いが、はやぶさの縁取りはシルバー。文字の崩れ具合はこちらの方が大きい感じだ

緑のはやぶさに、内側リングではあるが、文字や縁取りなどがしっかり作られているタイプ。リベットがしっかりと見えている

1984年にED76に付けられていたもの。黒はやぶさで、リングが内側。文字もはやぶさの輪郭も金になっている

1984年にED75につけられていたもの。左のED76のものとほぼ同じだが、リングが外側気味で、くちばしも離れ気味。また「ぶ」の右下の点が直線的

みずほ

1970 年代半ばまで使われていたヘッドマーク。ひらがなは青で、アルファベットは赤。元々金属の部分は、輝いていたと思われる（協力：鉄道博物館）

九州特急の需要増加に伴って 1961 年に増設され、翌年から定期列車に。ブルートレインブームを支えた人気特急。「瑞穂の実る国」に因んだスケールの大きな列車名。マークのデザインはやや地味だが、色や素材のバリエーションが豊富。

1979 年に EF65 につけられていたもの。ひらがなは緑で、アルファベットは赤だ

DATA

寝台特急みずほ	1961年10月1日〜1994年12月2日	東京〜熊本・長崎	廃止。名称のみ九州新幹線に継承
前身・並列列車			
なし			

1986年のEF66。上が白で下が黄土色のもの。文字は金で、枠は銀。間にブルーのラインが入っている

1977年のEF65。リングの間が太くブルー

こちらも時期は不明。アイボリーと黄土色、ひらがなは茶色。リングの間のラインが太い。また文字などを止めるネジの頭が見える（協力：京都鉄道博物館）

1994年12月2日に、EF66牽引による最後の『みずほ』に付けられていたヘッドマーク。青空と九州の赤という意味だったそうだ（協力：九州鉄道記念館）

こちらも1977年のEF65。枠の間が太い

九州タイプで、ひらがなが緑のもの。
下半分は元々は金色だったようだが、
経年で黒くなっている模様

1969年まで使用されていたもの。
ひらがながピンクという珍しい配
色。全体的にメタルで輝いている

蒸気機関車時代のヘッドマーク。
経年によって元の色合いはよく分
からないが、文字は黄色だった
（協力：九州鉄道記念館）

1984年の九州マーク復活時の
もの。ひらがなが黄色で、全体
的にメタリック

はくつる

客車はくつる復活後、につけられ
たもの。つるとアルファベットが
銀、ひらがなとリングが金、地が
青という配色

急行『北上』を格上げする形で、1964年に東北
本線初の寝台特急として登場。マークは夜空を飛
翔する白鶴をあしらったデザインで、翌年新設さ
れた特急『ゆうづる』と同じく、国鉄の車両設計
事務所所属（当時）の黒岩保美氏が手掛けた。

2002年のEF81。つるに目が入って
いるレアなケース

DATA

寝台特急はくつる	1964年10月1日～2002年11月30日	上野～青森	廃止
前身・並列列車			
急行北上	1956年11月19日～1964年9月30日	上野～青森	

1965年のEF58。書体の角度が
あまりきつくなくやわらかみがあ
る。アルファベットのエンボスの
盛り上がりに丸みがある

SLにつけられていた物。地の色が
ペンキの水色。アルファベットの部
分に地金の盛り上がりが見える

ゆうづる

EF80 につけられていたもの。リング
が細かくリベット止めされているほ
か、アルファベットの U にマクロン
（長音記号）がついていない。また目
が描かれている

20 系客車の斬新さで好評を博した『はくつる』の
姉妹列車として、1965 年に登場。常磐線では C62
型による牽引で、黒色の列車に映える朱色のヘッド
マークが大好評に。デザイン担当の黒岩氏も後年「仕
事として最も張り合いを感じた」と語った。

1985 年の ED75。リングが白く
なっているほか、U にマクロンが
ついている

DATA

寝台特急ゆうづる	1965年10月1日～1993年11月30日	上野～青森	廃止
前身・並列列車			
なし			

1984年の田端機関区ヘッドマーク復活時のもの。リングだけでなく、つる本体や文字などすべて厚みがある。Uにマクロンがついている

1966年にC62につけられていたもの。Uになかったマクロンが、追加で描き足されていた

33

あかつき

文字がリベット止めで、風を表す
一番下のラインが左端まで流れず
巻いている

1984年当時、EF58など
に取り付けられていたタ
イプ。一番下の風のライ
ンが巻かずに流れている

新大阪～長崎・西鹿児島を結ぶブルートレインと
して1965年に登場。1968年には、新大阪～佐
世保を結ぶ列車も登場した。デザインは、暁の時
間帯を表したものだが、同時間帯の『あけぼの』
とのデザインの差別化に苦心したという。

DATA

寝台特急あかつき	1965年10月1日～2008年3月14日	新大阪～西鹿児島・長崎	廃止
前身・並列列車			
夜行急行あかつき	1958年10月1日～1961年9月30日	東京～大阪	不定期列車として運行
夜行急行あかつき	1962年10月1日～1964年9月30日	東京～大阪	新幹線開業により廃止

同じく EF65 に取り付けられていたタイプで、「あかつき」の文字と星が金ではなく黄色。風がきれいに左になびいている

こちらも EF65 のもの。アルファベットの「S」の字がちょっと下についているほか、3本目の風が巻いて2本目にくっついている

EF65 に取り付けられていたタイプ。「あかつき」の文字と星が金ではなく黄色になっている。また、星の位置が左にずれている。このほか、3本目の風が2本目から離れ気味なのも特徴

こちらは九州タイプだが、唯一ひらがなが金で作られているもの。これ以外の九州タイプはひらがなが黄色だ
（協力：九州鉄道記念館）

九州のお椀タイプのヘッドマーク。関東のEF65と同様、文字と星が黄色だが、星の位置は一番最初の写真のものと同じだ

こちらもDD51に取り付けられていたものだが、アルファベットが銀ではなく金となっている

ED76のもの。DD51と基本的には同じだが、「あかつき」の文字が若干太めになっている

ED75のタイプ。風の流れが全体的に寝かされているほか、一番上の風が太い。また、星と文字が風に密接するように配置されているほか、縁が白リングになっている

1969年まで使われていたもの。
緑と星と文字が黄色だ。アル
ファベットは白で、書体も異な
る（手書きのようだ）。また「つ」
の位置も下がり気味

こちらも1969年まで使われてい
たもの。アルファベットが白く、
星は金色となっていた（写真では
劣化か光の影響で黒に見える）

DE10に取り付けられていたもの。
風が緩やかではなく立っている。
また、風の中にも星が瞬いている

日本海

1986年に撮影されたもの。アルファ
ベットとリングの部分は、色あせてい
るが元は金色だったと思われる。星と
漢字は銀。波は白。小さなリベットが
たくさん打たれているのが分かる

1947年に登場し、1950年に命名。航空機台頭以
前の、夜間の日本海縦貫線として活躍した。「海
は荒波、向うは佐渡よ」という、北原白秋の作詞
による童謡『砂山』の一説が、青い夜空に輝く星
と白い波のデザインのヒントとなった。

行灯形のテールマー
ク。海と空が切り分け
られているのがポイン
ト（協力：京都鉄道博
物館）

DATA

寝台特急日本海	1968年10月1日～2012年3月16日	大阪～青森・函館	廃止
前身・並列列車			
急行日本海	1947年7月5日～1968年9月30日		1950年10月8日に『日本海』命名

1991年のEF81。基本的には左ページの物と変わらないが、星の傾きが右になっている

1972年のED75。なんと星がペイント。また、リングにリベットの跡は多いが、文字や波には見当たらない

1990年のED79。北海道タイプのヘッドマークで、ケースに入った形。アルファベットが金色

1998年のED79。こちらも北海道タイプだが、波だけ金色になっている

詳細は不明だが、かつて交通科学館に所蔵されていたもの。星、漢字、アルファベットが黄色だ

1998年のEF81。リングとアルファベットが金色でリベットの跡もある。左ページの物と基本的には同じのようだ

1991年のEF81。星が白になっている

彗星

1977年時点で大阪交通科学館に収蔵されていたもの。彗の下のつくりが微妙に間違っており、「ヨ」だ

戦後から新幹線誕生の前後まで、豪華編成などで繰り返し人気を博した寝台特急。マークは『あけぼの』と同じく昭和40年代に登場。『金星』『明星』『北星』など星を名称とした列車は多いことから、図案家を悩ませたデザインの一つ。

1993年のEF65。この形状が設計図どおりのもの

DATA

寝台特急彗星	1968年10月1日〜2005年9月30日	新大阪〜宮崎	廃止
前身・並列列車			
急行彗星	1949年9月15日〜1964年9月30日	東京〜大阪	1950年11月8日『彗星』命名

1984年の門司機関区。リングが太く、星も大きい。流星の三本線も一番下が左まで伸びてるほか、銀色。アルファベットも書体が異なる

詳細は不明だが設計図通りに近いヘッドマーク。地の色が濃い

1984年のEF81。光の加減で紫に見えてしまうが地色は青。九州のお椀形にきれいに落とし込まれている。きれいな星形

1994年の九州のED76。星が右に傾いている

1985年の九州のED76。星が設計図に近い形で、配置されている

明星

1984 年の九州マーク復活時に小倉工場で作られたもの。変化の大きいバリエーションは調査した範囲では見つからなかった

1961 年に寝台専用列車化。1968 年に『銀河』に列車名を統一されるが、後に新大阪以西で復活。夜の高速列車を表す、天体に関連した列車名に基づくデザイン。末期には『あかつき』との併結運転が行われ、混合マークも生まれた。

DATA

寝台特急明星	1968年10月1日～1986年10月31日	新大阪～熊本	廃止
前身・並列列車			
急行明星	1948年7月1日～1968年9月30日	東京～大阪	1950年11月8日に『明星』命名。『銀河』に名称変更

さちかぜ

蒸気機関車に付けられていたタイプ。
若干ラウンド気味に見えるが本州のも
のだ
（協力：九州鉄道記念館）

わずか1年で『平和』へと改称された
短命特急であり、ヘッドマークの希少
性も高いといわれる。目に見えないも
のが図案化された事例。尚、『さちか
ぜ』という列車名は、1971〜1975年
に札幌〜旭川間を結ぶ急行にも採用さ
れた。

1957年のEF58についていたヘッドマーク

同じく1957年のテールマーク。テー
ルのほうがデザイン的にも凝った造
りになっていた

DATA

寝台特急さちかぜ	1957年10月1日〜1958年9月30日	東京〜長崎	『平和』に転換され廃止
前身・並列列車			
なし			

あけぼの

1985 年当時福島機関区で
取り付けられていた基本的な
タイプ。奥から手前にライン
が太くなってきている

1970 年当初は臨時特急として登場。同年 10 月に
は上野～青森間運転となった。秋田新幹線開通後
に、上越・羽越本線経由の『鳥海』が『あけぼの』
に改称され継続したが老朽化などで廃止。デザイン
は夜が明け始める「曙」の時間帯から。当初の
デザイン案は『あかつき』に似た風に水平線とい
うものだった。

1998 年当時青森運転所の
EF81 に取り付けられてい
たもの。グラデーション
の幅が微妙に異なる

DATA

寝台特急あけぼの	1997年3月22日～2014年3月14日	上野～青森	廃止
前身・並列列車			
急行あけぼの	1962年7月15日～1968年9月30日	仙台～青森	『きたかみ』に変更
寝台特急あけぼの	1970年7月1日～1997年3月21日	上野～秋田	経路変更

1999年の青森運転所のEF81に取り付けられていたもの。「あけぼの」の書体が細くなっている

2011年の青森運転所のEF81に取り付けられていたもの。枠が銀色になり、平面にプリントされたものになった

1985年の秋田運転区のED75のもの。EF71と似ているが、「あけぼの」の文字がより内側に小さく配置されている

1984年にEF65につけられていたもの。かなもアルファベットもどちらの書体も太いものに。また枠が細かくリベット止めされている

1987年の田端運転所のEF65。かなが金になり、グラデーション部分が赤く塗られた

1993年の田端運転所のEF65。グラデーションが赤いが、一番上のラインだけオレンジ

1995年のEF81。グラデーションが、オレンジから赤になめらかに変化

1990年の小牛田運転区のDE10。仮名の書体が違っている（「け」を比べるとわかりやすい）

出雲

1977年にEF65に付けられていたもの。出雲はつや消しの入った銀で、IZUMOはメタリックな銀

現存する『サンライズ出雲』の前身となった寝台特急。特徴のある書体と、孫悟空の筋斗雲のような雲のデザイン。担当した図案家の黒岩氏は「このマークをつけて走ってくる列車に一種のユーモラスな雰囲気を感じている」と語っている。

DATA

寝台特急出雲	1972年3月15日～2006年3月17日	東京～浜田	廃止。『サンライズ出雲』に名称継承
前身・並列列車			
急行いずも	1951年11月25日～1956年11月18日	東京～大社	1951年12月2日に『いずも』命名
急行出雲	1956年11月19日～1961年9月30日	東京～長崎	『三瓶』に転換し廃止

1972年のDD54。雲の厚みが薄く、
出雲が金になっている

時期は不明だがEF65につけられて
いたもの。雲や文字にリベット止め
の跡が見られるタイプ

1986のEF65。リングも出雲も
IZUMOも金。またIZUMOの配置が
円周状になっている

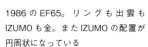

1976年のEF65。雲も文字も厚みが
あるタイプ

瀬戸

1977年にEF65につけられて
いたもの。基本的にリングとア
ルファベットが金、漢字が銀だ

新幹線登場前の、在来線黄金期を支えた四国行き
の特急であり、現存する『サンライズ』瀬戸の前身。
瀬戸の内海がモチーフとされ、デザインを務めた
黒岩氏によれば、「円形に収めたそれらしい風景」
にまとめられているという。一時期はブルートレ
インで唯一、全区間でヘッドマークの付く列車だ
った。

こちらもEF65。リングや文
字がリベット止めになって
いるほか、0が若干下につ
いている。また中央の海が
青になっている

DATA

寝台特急瀬戸	1972年3月15日～1998年7月9日	東京～宇野（後に高松）	廃止。『サンライズ瀬戸』に名称継承
前身・並列列車			
急行せと	1950年10月1日～1956年11月18日	東京～宇野	1951年12月2日『せと』命名
			1956年11月19日『瀬戸』に名称変更

1986年のEF65。戸の地が
右上がりになっている

1992年のEF65。漢字もアルファベッ
トもリングも太く作られている

瀬戸大橋が開通した際には、いつも
の『瀬戸』のヘッドマークではなく、
開通祝いを表すヘッドマークで運行
された

1989年のEF65。漢字が金になって
いる

つるぎ

『日本海』に代わる列車として登場。一般的な夜行準急から寝台急行に。後に名称変更を経て特急に格上げされた。マークは立山連峰・剱岳をモチーフとしており、デザイン性の高い書体が採用されている。

1975年まで使われていたもの。基本的な形状は一緒だが、空が青くなく白なのが特徴

DATA

寝台特急つるぎ	1972年10月2日～1994年12月2日	大阪～新潟	廃止。名称のみ北陸新幹線に継承
前身・並列列車			
急行つるぎ	1961年10月1日～1965年9月30日	大阪～富山	『金星』に名称変更
急行つるぎ	1965年10月1日～1968年9月30日	大阪～富山	『立山』に名称変更
急行つるぎ	1968年10月1日～1972年10月1日	大阪～富山	特急化

北陸

1998年のEF64。文字や図柄は
金属の切り出しではなく、塗装
になっている

2010年のEF64。基本的なデザ
インは変わらないが、崖下の岩
に白波がかぶっている

前身の急行から2010年の廃止まで、63年に渡
って走り続けた長寿列車。デザインは日本海沿岸
の崖地「親不知・子不知」の親不知を図案化した
ものと言われており、白波の立つ別のバージョン
が存在する。

DATA

寝台特急北陸	1975年3月10日〜2010年3月12日	上野〜金沢	廃止
前身・並列列車			
急行北陸	1947年6月29日〜1975年3月9日	上野〜金沢	1950年11月8日『北陸』命名

なは

1984年に九州にブルトレが復活した際に作られたもの。リベットの跡などがなくきれいな仕上がり

西鹿児島行きだが、沖縄の本土復帰への願いを込めた名称として『なは』が列車名として採用され、1975年の寝台特急化の際も例外的にそのまま受け継がれた。デザインにも名称を象徴する植物である芭蕉（バショウ）が取り入れられている。

こちらも九州タイプだが、リングが少し内側につき、リベットの跡がしっかり見られる

DATA

寝台特急なは	1975年3月10日～2008年3月14日	新大阪～西鹿児島	廃止
前身・並列列車			
特急なは	1968年3月10日～1975年3月9日	大阪～西鹿児島	

時期は不明だが本州タイプ。文字や
図柄を止めるためのネジ頭がよく見
える。図柄の加工が若干大味
（協力：京都鉄道博物館）

1990年のEF65。「な」と「は」の
間が詰まっているほか、アルファベッ
トの字間が広め

1986年のEF65。錆びてしまってい
るが、図柄がしっかり作られている。
こちらもネジ頭が見える

1987年のEF65。「は」
が右上がりについている

出羽

EF64につけられていたもの。文字
がかすれていることで分かるように、
塗装によって作られている
（協力：鉄道博物館）

急行『津軽』への需要を補完する形で登場し、
20年以上ほぼ変わらないダイヤで走り続けた。
ヘッドマークのデザインについて、「羽黒山の石
段と杉林を幾何学的な模様とし、成功している」
との図案家の弁が残っている。

1986年のEF64。上と
違いはないが、アルファ
ベットがしっかり出て
いる（参考用）

DATA

寝台特急出羽	1982年11月15日～1993年11月30日	上野～秋田	廃止
前身・並列列車			
準急出羽	1960年6月1日～1961年9月30日	上野～新庄	
急行出羽	1961年10月1日～1982年11月14日	上野～新庄	

北斗星

1998 年に EF81 につけられていた
もの。文字や飾りはシールのように
薄いものが貼りつけられている模様。
星は黄色

上野〜札幌間の直行便として登場した青函トンネ
ルブームの立役者。列車名、ヘッドマークのデザ
イン共に『北斗』に似るが、列車名の上下にデザ
インされた北斗七星の向きや流星のマークの有無
に違いがある。「斗」の点の部分の角度が異なる
テールマークなども存在する。

DATA

寝台特急北斗星	1988年3月13日〜2015年3月13日	上野〜札幌	廃止
前身・並列列車			
なし			

1988 年の運行開始当初 EF81。
文字や飾りは金属の貼りつけ。
星は金になっていた

2000 年の DD51。北海道タイプで
ケースに入れられているもの。星は
黄色

2014 年の ED79。同じく北海道タイ
プだが、左から 3 番目の星だけ大き
くなっている

1998 年の『北斗星トマムスキー』
本州区間のもの。文字や星はエン
ボスになっている

エルム

北海道のさわやかな大空の下、ラベンダーやキスゲの花が咲き乱れ、大きな緑の大地にエルムの木が植わり、ゆっくりと爽やかな風が流れゆく情景がデザインされた。このヘッドマークは、1998年にEF81につけられていたもの。すべて塗装によって仕上げられている

『北斗星』を補完する列車として、繁忙期を中心に開放型B寝台の車両のみで運行された。列車名として初のカタカナ表記を採用。「エルム」とは北海道にも植生するニレ属の樹木の総称。デザインにも樹木のシルエットが活かされている。

1992年の北海道タイプでDD51のもの。デザインは同じに見えるが、風の色が上下逆になっている。他の北海道タイプでも同様となっている

DATA

寝台特急エルム	1989年7月21日〜2006年8月12日	上野〜札幌	廃止
前身・並列列車			
準急エルム	1950年10月1日〜1961年9月30日	室蘭〜札幌	1951年4月1日『エルム』命名
特急エルム	1969年10月1日〜1971年6月30日	函館〜札幌	廃止

トワイライトエクスプレス

2014年のEF81 44。周囲のリング
が太い。経年によるものか、リベッ
トの頭が錆びて見えている

1989年にトライライトエクスプレス専用機
EF81 114につけられていたもので、とても
細工が細かい。右肩からから左足に巻かれて
いる布がグレーなのがポイント。デザインは、
鷹取工場工程管理科事業開発で、「JR西日本
の看板列車」「秋」「夕暮れの日本海」「夜明け
の日本海」「車両グレードにマッチさせる」「夢
を与える」がコンセプト。黄昏時の日本海に
エンブレムの天使を配し、かつてない斬新な
色として設定した

多彩で豪華な設備と雰囲気で人気を博した寝台特急。列車名は
「たそがれと朝の黎明の中を走り抜ける特急列車」を意味する。
マークは色、書体、モチーフともに類を見ない図案だが、波の
部分の曲線は『日本海』を意識しているという。

DATA

寝台特急トワイライトエクスプレス	1989年7月21日〜2015年3月12日	大阪〜札幌	廃止。名称を『TWILIGHT EXPRESS 瑞風』が継承
前身・並列列車			
なし			

1991年のEF81 104。すべてが塗装に変更されているほか、ラッパや飛び出す星の形状が変わり、布のグレーもなくすべて白になった

1990年のDD51。1989年の物と同じく金属の切り出しによる飾り付けだが、右肩から左足の布がアイボリー

2018年のEF65。塗装によるヘッドマークだが、右肩から左足の布がグレーになっている

鳥海

山形新幹線の着工により奥羽本線が標準軌化されるに伴って、1990年に『あけぼの』の一部を経路変更し、上越・羽越本線経由としたものが『鳥海』。1997年に再び『あけぼの』に統合されて廃止となった。

1995年のEF81。塗装によるヘッドマーク

DATA

寝台特急鳥海	1990年9月1日～1997年3月21日	上野～青森	廃止
前身・並列列車			
夜行急行鳥海	1948年7月1日～1956年11月18日	上野～秋田	1950年12月20日『鳥海』命名
			『津軽』に名称変更
急行鳥海	1956年11月19日～1965年9月30日	上野～秋田	『たざわ』に名称変更
急行鳥海	1965年10月1日～1982年11月14日	上野～秋田	『出羽』に名称変更
寝台特急鳥海	1982年11月15日～1985年3月13日	上野～秋田	

夢空間

1989年の横浜博覧会にて桜木町駅前に展示された車両。展望食堂車（ダイニングカー）、ラウンジカー、A個室寝台車（デラックススリーパー）の3両からなる。車内は非常に凝った作りで、特にデラックススリーパーにはバスタブまで設置されており、昨今のクルージングトレインの先駆けとも言える。展示後は寝台車として北斗星などの編成に組み込まれ、団体列車や夢空間北斗星などの臨時列車、晩年には夢空間トレインクルーズなどで活躍。

一見塗装に見えるが、文字や星は金属の切り出し。模様は削り出しかエッチングかは不明だがへこんでいて、そこに塗料が塗られている凝った造り

カシオペア

経年による変化か、文字など白だった部分がオレンジになっている。塗装ではなく、シールのようなものでパーツの形ごとに色が抜かれている（協力：鉄道博物館）

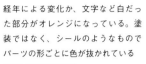

2000年のDD51。ケースに入れられている北海道タイプ

1999年のEF81。ケースがなく、プレートのまま取り付けられている

　2名用A寝台個室のみの豪華寝台特急。列車名の由来である星座は北極星を中心に北斗七星と対をなしており『カシオペア』が北斗星の姉妹列車でありダブルデッカー車であることに通じる。夜空の星かコンパスのようにも見えるデザイン。

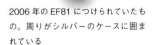

2006年のEF81につけられていたもの。周りがシルバーのケースに囲まれている

DATA

寝台特急カシオペア	1999年7月16日〜2016年3月20日	上野〜札幌	廃止。旅行商品として一部稼働
前身・並列列車			
なし			

カートレイン

1987 年に EF81 につけられていた
もの。九州タイプのため、お椀状の
中に収まっている。上の星は小さく、
下の星が大きい

1985 年に登場した、自動車と運転手が同時に乗
車できる列車。九州、名古屋、北海道などで運行
されたが、1990 年代末に廃止に。横顔を模した
眠る三日月がデザインされており、星が流れる向
きや、列車名のデザインにバリエーションがある。

1987 年の EF30。同じ九
州タイプだがカタカナの
下にブルーの影が入って
いないバージョン

1985 年のワキ 10000 についていた
テールマーク。星が黄色

1995 年の DD51。北海道を走って
いるがケースに入っていない。クキ
のテールマークと同じで星が黄

1985 年の EF65。本州タイプでは、
「カ」が枠からはみ出しているのが特
徴。星のサイズは上下で変わらない

1989年のEF81。月のまつげがピンク色になっているほか、ワンポイントでハイライトが入っている

1991年の『カートレイン名古屋』のもの。ユーロライナーの車両を使ったもので、「ユーロ名古屋」と入っているほか、星の数が3つ

1985年のカヤ21。テールマークにはロゴとJNRマークが入っていた

1985年の20系客車のテールマーク。ロゴと月のマークが入ったもの

1991年の『カートレイン名古屋』マニ44についていたテールマーク。シャチホコになっているが、中の模様はすべてマジックで描かれている

『カートレイン名古屋』。ユーロライナーの車両と貨車をEF65で牽引しており、貨車もユーロライナーカラーに塗装されていた

混合マーク

　本州から九州にかけて長い距離を走るブルートレインは、本州内では１本の列車だが、九州内では複数の列車が分離併合して輸送する場合もあった。列車名も行き先をつなげたものとなっており、ヘッドマークもそれに合わせた混合マークが作られた。

　一番最初に登場した混合マークで、1984年に小倉工場で作られた。『明星』と『あかつき』のヘッドマークに共通している要素、「星」「風のような曲線」「色」が見事に１つのマークに混成している

大分発着『富士』と熊本発着『はやぶさ』。それぞれの名称のピクトグラムを上下に分けるように配置されている

南宮崎発『彗星』と西鹿児島発着『あかつき』。それぞれのデザインをぎゅっと上下に入れ込んだ形。枠が銀のものと金のものがあった

長崎発着『あかつき』と鹿児島中央発着
『なは』。本州タイプは上下に元のマーク
のデザインを入れこんだもの

九州タイプの『なはあかつき』。
『あかつき』の風景をベースに、
『なは』の芭蕉の葉を乗せてい
る情緒あるデザイン

長崎発着の『さくら』と熊本発着の『はやぶさ』。
本州タイプはそれぞれ上下に分けつつ、要素を
新たなデザインに

同じ九州タイプだが、リングが内側気
味でネジ頭がはっきり見えているもの

九州タイプの『さくらはやぶさ』。さく
らの中に、はやぶさを入れこんだ形だ

ヘッドマークの構造

　寝台特急に使われるヘッドマークの構造は大きく分けて2つに分類される。本州型と九州型だ。

　これは形状そのものが大きく違うためだ。

　本州型は通称「太鼓型」と呼ばれる。厚さ15cmほどの円筒の片側が閉じられ、もう片側はドーナツ状に開いており、まるで太鼓のような構造になっているためだ。

　表側はヘッドマークそのものを表示させるための平面だが、裏側の穴がドーナツ状なのは持ちやすさなどを考慮してのことではないかと思われる。

　直径は約66cmで厚さは約15cmが基本の形だ。

　九州型は通称「お椀型」と呼ばれる。お椀の底のようにパラボラ状になっているためだ。

　なぜこんな特殊な形状をしているのか、いつから始まったのかなどの詳しいことは不明だ。持ち運びの際に足にぶつかりにくかったり、風の影響を受けにくいなどが考慮されたのではと思われるが真相は定かではない。

　直径は約67cmで厚さは10〜15cmほどだ。

取付金具の位置

　ヘッドマークは機関車などに取り付けられるが、その際の取り付け方もいくつかある。

　本州型は主に2種類、上止めと下止めだ。ヘッドマークの下側を機関車のステーに引っ掛けて上をねじで止めるのが上止め。その逆が下止めだ。

　九州型は特になく、ステーに差し込めばOKだ。ただし蒸気機関車用に作られたものは、電気機関車には付けられないようになっている（その逆は可能）。

その他地域

　このほかにも地域によって構造の異なるものがある。秋田では、太鼓型になっておらず、薄いプレート1枚を取り付ける。裏側には、風で曲がってしないように支えがついている。

　北海道では雪を考慮して、ケースの中に収納している。その代わり中でマークを固定していないので、振動で回ってしまったりすることも。直径66cmは変わらないが、厚さは約10cmとなっている。

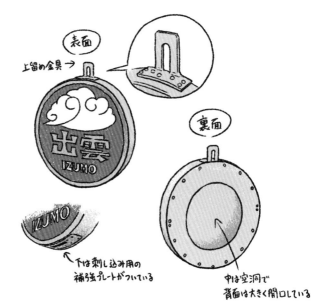

ヘッドマーク 本州 上留め型

表面

上留め金具→

裏面

IZUMO

出雲
IZUMO

↓下は差し込み用の補強プレートがついている

中は空洞で背面は大きく開口している

機関車の下ステーにヘッドマーク下の穴を差し込んでから、上をねじ止めしていく作り。当初はみなこのタイプで作られていたが、機関車に上がって作業するためネジを落とすことも少なくなく、下止め型が作られるようになった

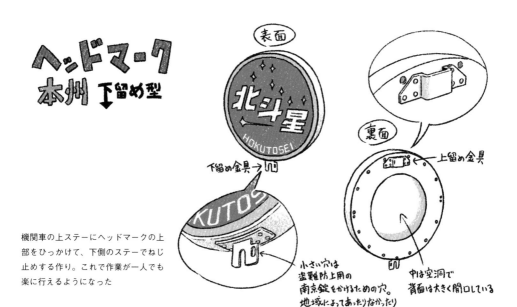

ヘッドマーク 本州 下留め型 ↓

表面

北斗星
HOKUTOSEI

裏面

下留め金具→

KUTOS

上留め金具

中は空洞で
背面は大きく開口している

小さい穴は
盗難防止用の
南京錠をかけるための穴。
地域によってあったりなかったり

機関車の上ステーにヘッドマークの上部をひっかけて、下側のステーでねじ止めする作り。これで作業が一人でも楽に行えるようになった

ヘッドマークの中心と下側にフックが付けられており、電気機関車のステーにそれぞれを差し込んで固定するようになっている

ヘッドマーク 九州 おわん型 🥣

EL搭載用

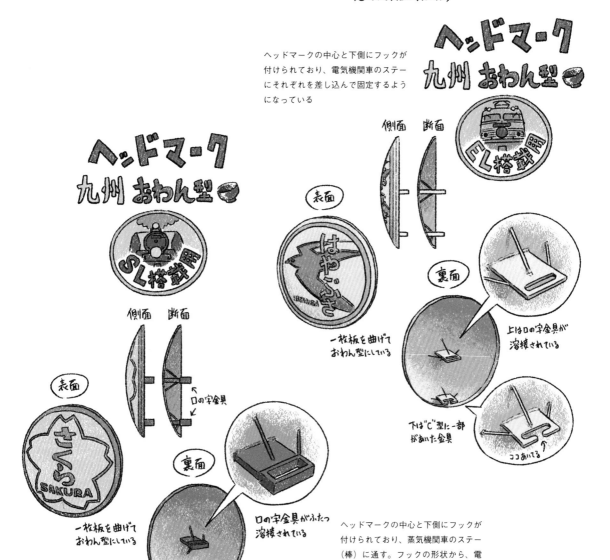

側面　断面

表面

はやぶさ
HAYABUSA

一枚板を曲げて
おわん型にしている

裏面

上はロの字金具が
溶接されている

下は"C"型に一部
があいた金具

ここあいてる

ヘッドマーク 九州 おわん型 🥣

SL搭載用

側面　断面

ロの字金具

表面

さくら
SAKURA

一枚板を曲げて
おわん型にしている

裏面

ロの字金具がふたつ
溶接されている

ヘッドマークの中心と下側にフックが付けられており、蒸気機関車のステー（棒）に通す。フックの形状から、電気機関車には取り付けられないようになっている（P122参照）

本州上止め型

上側

正面

裏面

本州下止め型

下側

正面

裏面

協力：鉄道博物館

九州電気機関車用

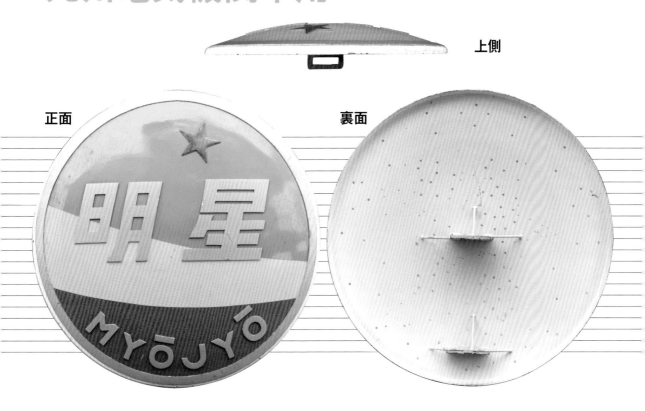

上側

正面

裏面

九州蒸気機関車用

上側

正面

裏面

協力：九州鉄道記念館

特急

つばめ

大阪交通科学館に収蔵されていたもの。蒸気機関車に使われていたようだが、詳細は不明。収蔵の際に磨き直されている雰囲気だが、特急『燕』のテールマークのデザインを継承しているのが分かる

1930年に登場した超特急『燕』。最後尾に2羽の燕が舞うマークが掲げられた。戦中には空白の時代があったが、戦後に『へいわ』から『つばめ』への改称によって復活。その際、マークの列車名の配置などデザインがやや変更されている。

1950年代後半の写真。テールの部分に行灯型のマークがついているのが分かる

DATA

特急つばめ	1951年1月1日〜1960年5月31日	東京〜大阪		廃止
前身・並列列車				
特急燕	1930年10月1日〜1943年10月1日	東京〜神戸		廃止
電車特急つばめ		1964年6月1日〜1964年9月30日	東京〜大阪	廃止
特急つばめ	1964年10月1日〜1975年3月19日	新大阪〜博多		廃止
特急つばめ	1992年7月15日〜2004年3月12日	門司港・博多〜熊本・西鹿児島		廃止。九州新幹線に名称継承

東京機関区で使われていたもの。
こちらも初代のデザインを踏襲
している

485系を使った新大阪〜博多間特急
のヘッドマーク。文字のみだったた
め、デザイン的な面白さはない

77

電気機関車用のヘッドマークだが、
当時品ではなく、1980年代に催行さ
れた『リバイバルつばめ』用

こちらも電気機関車用のものだが、
近年になっての作のよう

こちらは1997年、マイテ39につけ
られたテールマークだが、書体が異
なっている

1987年に、JR誕生記念事業の一環で復
元されたマイテ49につけられたテール
マーク。オリジナルを再現している

蒸気機関車で使われていたもの。他
の『つばめ』とはデザインが異なり、
一羽だけで飛んでいる

1930年12月頃の初代特急『燕』のテール。縦に文字が入り、
左右に燕が舞っているデザイン。下に入るアルファベット
の書体が独特

左のテールマークを再現したレプリカ。行灯式に
なっていて、電気で明るく灯される（協力：京都鉄
道博物館）

かもめ

蒸気機関車に使われていたヘッドマーク。2代目『かもめ』のテールマークに描かれていた姿と同じデザイン（協力：九州鉄道記念館）

『燕』に次ぐ姉妹列車として『鷗』登場。空白期間を経て戦後にその名が復活し、京都〜博多で運行。最後部の展望車にかもめがデザインされたマークが掲げられ人気を呼んだ。以降は受け持ち局区によって異なる多彩なデザインが用いられた。

1953年の『かもめ』のテールマーク。羽を広げて飛んでいるかもめが描かれていた

DATA

特急かもめ	1953年3月15日〜1961年9月30日	京都〜博多	廃止
前身・並列列車			
特急鷗	1937年7月1日〜1943年2月15日	東京〜神戸	廃止
気動車特急かもめ	1961年10月1日〜1975年3月9日	京都〜長崎・宮崎	廃止
電車特急かもめ	1976年7月1日〜2022年9月22日	小倉・博多〜長崎	廃止。九州新幹線に名称継承承

特急

電気機関車用。円の中いっぱいに羽根を縮めて、これから飛び出そうとしているかのよう

電気機関車用と推定。左と基本的なデザインは一緒だが、かもめの顔が穏やか。また全体的に盛り上がっている

電気機関車用と思われるもの。綺麗なMの字を描くように描かれている

初代『かもめ』に付けられていたテールマークのレプリカ（協力：京都鉄道博物館）

九州内特急485系の『かもめ』。文字のヘッドマークのため、デザイン的にはボンネット系の他列車と変わらない

下関運転所にあった蒸気機関車用の
もの。かもめの羽根が輪から飛び出
しているほか、波頭が渦巻いている
デザインが秀逸。全体的に塗り直さ
れているようだ

九州内特急485系の『かもめ』。
翼を目一杯広げて飛んでいる姿
は、従来のかもめのデザインを踏
襲している

平和

1983年7月24日に『リバイバル特急平和』が東京〜大阪間を運行。その時に付けられていたヘッドマーク

2代目『平和』のテールマークのレプリカ。「平和の鐘」がデザインモチーフだろうか

特
急 =

1949年9月の『へいわ』のテールマーク。翼を広げる鳩が描かれていた

初代『へいわ』のテールマークのレプリカ。当初は平和の象徴と言われる鳥・鳩がモチーフとなっていた

1949年に運行が開始された戦後発の特急。列車名は不人気のために3カ月半で『つばめ』と改称されたが、後年『平和』として再登場した。円板に平和の鐘のデザインのほか、鳩の図案を用いたマークが存在する。

DATA

特急平和	1958年10月1日〜1959年7月19日	東京〜長崎	廃止。『さくら』に名称変更
前身・並列車			
特急へいわ	1949年9月15日〜1949年12月31日	東京〜大阪	廃止。『つばめ』に名称変更
特急へいわ	1961年10月1日〜1962年6月9日	大阪〜広島	廃止

はと

蒸気機関車に使われていたというもの。明るいブルーの地に白い姿が踊っているが、塗装は塗り直されているような雰囲気だ

『鷗』に次ぐ戦後2番目の特急として東京〜大阪間を運行。鳩の図版がデザインされたマークは最後部の展望車に設置された"行燈式"。1950年頃から先頭機関車に取り付けられるようになり、ヘッドマークの始まりとなった。

電気あるいはディーゼル機関車に使われていたであろうもの。左ページの電気帰還者用のものと同じで、鳩の身体が細め

DATA

特急はと	1950年5月11日〜1960年5月31日	東京〜大阪	廃止
前身・並列列車			
電車特急はと	1961年10月1日〜1964年9月30日	東京〜大阪	廃止
電車特急はと	1972年3月15日〜1975年3月9日	岡山〜下関	廃止
特急はと	1964年10月1日〜1972年3月14日	新大阪〜博多	廃止。山陽内特急に名称のみ継承

かつて蒸気機関車に付けられていたヘッドマーク。はとの目にあたる部分に大きめのリベットが打たれている。全体的に金属の重厚な感じだ

151系で運用された文字のヘッドマーク

電気機関車で使われた東京機関区のヘッドマーク。蒸気機関車のものと基本的なデザインは一緒だが、軽量化されている

はつかり

キハ80系ボンネットタイプのヘッド
マーク（の中身のプレート）。ひらが
なは青15号、アルファベットは赤1
号の国鉄色が指定されている

蒸気機関車に付けられていたもの。
空を往く三羽の雁の姿が描かれて
いる

テールマークのレプリカ。このよう
な色合いだった（協力：京都鉄道博
物館）

上野～青森間を常磐経由で結ぶ、東北初の特
急として1958年に登場。青函連絡船に接続
する北海道への最速列車でもあった。当初は
客車特急だったが1960年からは国鉄初の特
急形気動車キハ80系へ置き換わった。1968
年10月に電車特急化されている。

登場後約2年後、1960年の『はつかり』のテールマーク。空を飛ぶ三羽
の雁がデザインされており、これがSLのヘッドマークの元絵だとわかる

DATA

特急はつかり	1958年10月1日～1982年11月14日	上野～青森	廃止
前身・並列列車			
特急はつかり	1982年11月15日～2002年11月30日	盛岡～青森	廃止

あいづ

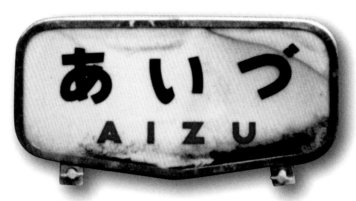

上野～会津若松間の特急として1968年に特急『やまばと』の会津編成の名称を変更する形で登場。485系で運用された。

485系ボンネットタイプのヘッドマーク。字のものしか用意されなかった。ほかの地域では用意されたが、東北地区は作らなかった

DATA

特急あいづ	1968年10月1日～1993年11月30日	上野～会津若松	廃止
前身・並列列車			
準急あいづ	1959年9月22日～1966年3月4日	喜多方～仙台	急行化
急行あいづ	1966年3月5日～1966年3月4日	喜多方～仙台	廃止。『いなわしろ』に継承
特急あいづ	1966年3月5日～1966年3月4日	喜多方～仙台	廃止。『いなわしろ』に継承
特急あいづ	2002年12月1日～2003年9月30日	郡山～会津若松	廃止

あずさ

どちらも181系のヘッドマーク。書体は同じだが、モノクロの写真のほうだけ、「あずざ」になっているように見えるが、ゴミかなにかだろうか

1966年12月に新宿～松本間の特急として登場。当初はボンネットタイプの181系で運転されたが、この際に中央東線の狭小トンネル対策で、屋根上のライトなどが撤去された。

DATA

特急あずさ	1966年12月12日～現在	新宿～松本	
前身・並列列車			
準急あずさ	1957年10月1日～1960年4月24日	新宿～松本	廃止。『白馬』に継承。1960年1月1日命名

あさしお

1985年3月にトレインマークが設定され、キハ
181系では絵柄のヘッドマークが登場した

キハ80系のヘッドマーク。この2つはいずれもキハ80系だが、書体が大きく異なっている

キハ181系のもの。キハ80系の
右に似た書体だが、よく見ると違っ
ている

1972年から京都〜城崎・倉吉・米子を結んだ気
動車特急で、キハ80系で運転された。長らくヘ
ッドマークは文字だったが、1985年から日本海
に昇る朝日を描いた絵柄に変更されている。

DATA

特急あさしお	1972年10月2日〜1996年3月15日	京都〜米子・倉吉・城崎	廃止。行先別に別特急へ変更
前身・並列列車			
特急あさしお	1964年12月1日〜1968年9月30日	金沢〜出雲	廃止。『大社』に統合

あさま

181系で運用されていた頃は字の
タイプ。しかし書体の違うものが
運用されていた

上野〜長野間を信越本線経由で結ぶ特急として
1966年に登場。当初はボンネットタイプの181
系で運転されたが1975年に189系に置き換えら
れた。ボンネットのヘッドマークは489系で引
き続き廃止直前まで見ることができた。

489系。1985年からは浅間山を
描いた絵入りマークが使われた。

DATA

特急あさま	1966年10月1日〜1997年9月30日	上野〜長野	廃止。北陸新幹線に名称継承
前身・並列列車			
準急あさま	1961年3月1日〜1962年11月30日	小諸〜新潟	廃止。『赤倉』に名称変更
夜行準急あさま	1962年12月1日〜1963年9月30日	上野〜直江津	廃止。『丸池』に統合

有明

485系ボンネットタイプの文字のもの

1967年から門司港・博多〜熊本・西鹿児島を鹿児島本線経由で結んだ特急。1975年から485系が使われ、文字マークが取り付けられた。

一時期、博多〜熊本の一部の『有明』を1987年当時非電化区間だった豊肥本線水前寺まで延長運転を行っていた。この区間は特急ではなく、普通列車扱いで、DE10が牽引した

『有明水前寺』と呼ばれていた列車のヘッドマーク。DE10に付けられていたもの

DATA

特急有明	1967年10月1日〜2021年3月12日	門司港〜西鹿児島	廃止
前身・並列列車			
準急有明	1950年10月1日〜1965年9月30日	門司港〜熊本	1951年11月25日命名。廃止。『やえがき』に名称変更
急行有明	1965年10月1日〜1967年9月30日	岡山〜熊本	廃止。『しらぬい』に名称変更
特急スーパー有明	1988年3月13日〜1990年3月9日	博多〜西鹿児島	廃止。『ハイパー有明』に名称変更
特急ハイパー有明	1990年3月10日〜1992年7月15日	門司港・博多〜西鹿児島	廃4

あまぎ

1969年に、東京～伊豆間を結ぶ急行『伊豆』のうち157系を使用する列車が特急に格上げされ、東京～伊豆急下田間を結んだ。このマークは1976年に183系に置き換えられるまで使われた。

準特急用車両の157系に付けられた大きなヘッドマーク。枠内いっぱいに文字が詰め込まれている

DATA

特急あまぎ	1969年4月25日～1981年10月14日	東京～伊豆急下田		廃止。『踊り子』に名称変更
		前身・並列列車		
準急あまぎ	1950年10月7日～1953年3月14日	東京～伊豆・修善寺		廃止。『伊豆』に名称変更
準急あまぎ	1954年10月2日～1961年9月30日	新宿～熱海		廃止
準急あまぎ	1961年10月1日～1966年3月4日	東京～伊豆・修善寺/新宿～熱海		
急行あまぎ	1966年3月5日～1968年9月30日	東京～伊豆・修善寺/新宿～熱海		廃止。『伊豆』に名称変更

いなほ

ボンネットタイプのキハ80系のヘッドマーク。形状が独特のものとなっていた

1969年から上野～秋田間を上越・羽越本線経由で結んだ特急。運行開始当初は羽越本線がまだ非電化であったため、キハ80系が使用され文字マークが取り付けられた。1972年に485系電車に置き換えられて、このマークは使われなくなった。

DATA

特急いなほ	1969年10月1日～1982年11月14日	上野～秋田		廃止。『鳥海』に名称変更
		前身・並列列車		
特急いなほ	1982年11月15日～現在	新潟～秋田・青森		

いそかぜ

1985年3月にトレインマークが
設定され、翌4月からデビュー
となったため最初から絵柄の
ヘッドマークで登場した

1985年3月にそれまで京都〜博多間を山陰本線
経由で結んでいた特急『まつかぜ』の運転系統分
割する形で、米子〜博多間を結んだ特急。

DATA

特急いそかぜ	1985年4月14日〜2005年2月28日	米子〜博多	廃止	
前身・並列列車				
特急いそかぜ	1965年10月1日〜1968年9月30日	大阪〜宮崎	廃止。『かもめ』『日向』に転向	

いしづち

瀬戸大橋開通時で特急『しおかぜ』が岡山発着と
なったため、従来通りの高松発の予讃線特急は『い
しづち』と名付けられた。

キハ181系のリニューアルカラーと同時に登場。
石鎚山が描かれている

1990年11月に四国内特急のヘッドマークを
いっせいに変更。山の形がデザイン化された

DATA

特急いしづち	1988年4月10日〜現在	高松〜松山・宇和島	
前身・並列列車			
準急いしづち	1963年2月1日〜1966年3月4日	小松島港〜松山	
急行いしづち	1966年3月5日〜1968年9月30日	小松島港〜松山	廃止

うずしお

瀬戸大橋開通時に急行阿波を格上げする形で登場した岡山・高松〜徳島を結ぶ特急。ヘッドマークは鳴門のうずしおと阿波踊りの踊り子だったが、2000系気動車登場後に抽象的なうずしおのイラストへ変わった。

1990年11月より、シンプルなデザインのものに変更となっている

1988年のデビュー時から絵柄で登場。鳴門の渦潮と阿波踊りのが描かれたデザイン

DATA

特急うずしお	1988年4月10日〜現在	岡山・高松〜徳島	
前身・並列列車			
特急うずしお	1961年10月1日〜1972年3月14日	大阪〜宇野	

おおよど

1974年より博多〜宮崎間を肥薩線経由で結んでいた特急で、列車名は宮崎県を流れる大淀川から名付けられた。廃止は1980年と6年足らずしか走らなかった。

キハ80系での本来の『おおよど』のヘッドマーク

数が足りなくなったのか、手書きのヘッドマーク。っころなしか、北海道のキハ80系ヘッドマークの書体に似ている

DATA

特急おおよど	1974年5月25日〜1980年9月30日	博多〜宮崎	廃止
前身・並列列車			
なし			

おおぞら

キハ183系500代では、当初から絵柄のヘッドマークとなった

キハ80系のヘッドマーク。文字のものとイメージを大きく変えて絵柄に変わっている

1961年に函館〜札幌〜旭川間で走り始めた特急。1962年には釧路にも行くようになり、その後旭川行きは廃止され、釧路行きがメインとなった。全列車現在の札幌発着になったのはキハ183系500代がデビューした1986年11月のこと。

DATA

特急おおぞら	1961年10月1日〜2001年6月30日	函館〜旭川	廃止。『スーパーおおぞら』『まりも』に転向
前身・並列列車			
特急スーパーおおぞら	1997年3月22日〜2020年3月13日	札幌〜釧路	『おおぞら』に名称変更
特急おおぞら	2020年3月14日〜現在	札幌〜釧路	

おおとり

= 特急

キハ183系500代の絵柄マークは、1986年から登場している

キハ80系のものは当初字だったが、後に絵柄のものと変更になった

1964年10月から函館～網走と釧路間を結んでいた特急。運行開始の前日までは東京～名古屋間を結ぶ電車特急名であった。1988年の青函トンネル開通時に函館～札幌の『北斗』と札幌～網走の『オホーツク』に分割され廃止された。

DATA

特急おおとり	1964年10月1日～1988年3月13日	函館～網走・釧路	廃止
前身・並列列車			
特急おおとり	1961年10月1日～1964年9月30日	東京～名古屋	廃止

おき

キハ181系の絵柄のもの。1975年の導入時は文字だったが、1985年3月より絵柄が設定された

左は、キハ80系、右はキハ181系。雰囲気は似ているが別の書体が使われていた

1975年の山陽新幹線博多開業時から走り始めた鳥取・米子〜小郡を結ぶ特急。運行開始当時はキハ80系であったが、翌年にはキハ181系に置き換わった。

DATA

特急おき	1975年3月10日〜2001年7月6日	鳥取・米子〜小郡	廃止。『スーパーおき』に転向
前身・並列列車			
急行おき	1965年10月1日〜1968年9月30日	大阪〜出雲市	廃止。『だいせん』に転向
急行おき	1968年10月1日〜1971年4月25日	京都〜大社	特急化
特急おき	1971年4月26日〜1972年3月14日	京都〜大社	廃止。『やくも』に転向
特急スーパーおき	2001年7月7日〜現在	鳥取・米子〜小郡	

オホーツク

キハ183系500番代になって絵柄のヘッドマークが登場。オホーツク海の流氷をデザインしているようだ

1972年から札幌〜網走間を結んだ特急で、道内初の函館を発着しない特急列車。列車名はオホーツク海からで、ヘッドマークもオホーツク海の流氷であったが、民営化後しばらくしてからオホーツクの頭2文字をとった「OK」という文字をアレンジしたものに変わった。

キハ80系のヘッドマーク。カタカナの太さだけでなく、字体も異なっている

DATA

特急オホーツク	11972年10月2日〜現在	札幌〜網走	
前身・並列列車			
準急オホーツク	1959年9月22日〜1961年9月30日	旭川〜網走	急行化
急行オホーツク	1961年10月1日〜1964年9月30日	旭川〜網走	廃止。『おおとり』に継承
急行オホーツク	1964年10月1日〜1968年9月30日	札幌〜網走	廃止。『大雪』に継承
急行オホーツク	1968年10月1日〜1972年10月1日	旭川〜名寄	廃止。『大雪』に継承

踊り子

機関車のヘッドマークだが、『踊り子』がL特急であることを示すマークが描かれていた

2000年12月9日に運行された『さよなら20世紀踊り子』のヘッドマーク。Lマークが消えている

1988年の『サロンエクスプレス踊り子』のヘッドマーク。昼間が描かれた他の絵柄と異なり、夕景とシルエットに変わっている

『サロンエクスプレス東京』の車両を使って催行された臨時特急『サロンエクスプレス踊り子』の1985年のもの。グリーン車のマークが入った

1981年10月に東京～伊豆・伊豆急下田間を結んでいた特急『あまぎ』と急行『伊豆』を統合する形で誕生。定期列車は183系や185系電車だったが、多客期などに機関車＋客車で運行される際に、ヘッドマークが取り付けられていた。

DATA

特急踊り子	1981年10月1日～2020年3月14日	東京～伊豆急下田・修善寺	
前身・並列列車			
特急スーパービュー踊り子	1990年10月1日～2020年3月14日	東京・新宿・池袋～伊豆急下田・修善寺	廃止。『サフィール踊り子』に継承
特急サフィール踊り子	2020年3月14日～現在	東京～伊豆急下田・修善寺	

特急

伊豆急行2100系「リゾート21」を
使用して運転された「リゾート踊り子」

一風違った形で靴られているヘッドマーク。
通常金属などで作られるが、文字や飾りな
ど台枠以外はベースも含めて木製。各部位
は立体的に作られており、それが金属製
の台枠の上に貼り付けてられている

オリンピア

1964年に開催された東京オリンピックの際に登場した急行。特急『こだま』などに使われていた151系をそのまま使用して開幕前の10月3日〜閉幕直後の25日まで東京〜熱海で運転された。

151系のヘッドマークとしては、珍しいカタカナのもの。約1か月しか使われなかった

DATA

急行オリンピア	1964年10月3日〜1964年10月25日	東京〜熱海	廃止
前身・並列列車			
なし			

くにびき

1988年の登場時には、文字のヘッドマークだったが、1989年の時点で絵柄に変わっている

1988年3月から米子〜益田間を結んだ特急。列車名は『出雲風土記』にある国引き伝説から名付けられた。

DATA

特急くにびき	1988年3月13日〜2001年7月6日	米子〜益田	廃止。『スーパーくにびき』に継承
前身・並列列車			
特急スーパーくにびき	2001年7月7日〜2003年9月30日	鳥取〜米子・益田	廃止。『スーパーまつかぜ』に継承

くろしお

1965年3月から天王寺～新宮～名古屋間を結んだ特急。キハ80系で運転されていたが、1972年から特急『いなほ』電車化で余ったボンネットのキハ80も使われた。1978年の紀勢本線新宮電化で電車化と運転区間が天王寺～新宮になった際にヘッドマークをつけたキハ80系は引退した。

キハ80系ボンネットタイプのもの。
独特の形状をしている

キハ80系貫通型のもの。ボンネットタイプと書体は似ているが、微妙に異なっている

DATA

特急くろしお	1965年3月1日～現在	天王寺～名古屋	
前身・並列列車			
準急くろしお	1954年10月1日～1964年9月30日	天王寺・難波～白浜口	廃止。1956年11月19日『くろしお』に名称変更。『しらはま』に継承
特急スーパーくろしお	1989年7月22日～2012年3月16日	京都・新大阪・天王寺～白浜新宮	廃止。『くろしお』に継承
特急スーパーくろしお・オーシャンアロー	1996年7月31日～1997年3月7日	京都・天王寺～白浜新宮	廃止。『オーシャンアロー』に継承

こだま

1958年11月に日本で最初の長距離電車特急として登場。東京～大阪間を6時間50分で結んだ。電車特急車両である151系は、当初『こだま』専用車両だった。

151系のデビュー時には、ボンネットに直付けでヘッドマークの変更が出来ないものだった。特急『つばめ』や『はと』を151系で運用するために、マークを取り換えられるよう改造された

DATA

特急こだま	1958年11月1日～1965年9月30日	東京～大阪・神戸	廃止。東海道新幹線に継承
前身・並列列車			
なし			

しおかぜ

キハ181系でデビュー時のもの

1985年の時点で、かもめと島をあしらった絵柄のヘッドマークが登場している

1986年にデビューした185系では、I特急のマークが入り色味が濃くなった

1988年では、海を臨む丘と、ミカンの木のデザインに変更となっている

1972年に『南風』と共に四国初の特急として走りはじめた特急で、高松〜松山・宇和島間を結んだ。当時は文字マークであったが、1985年にカモメの描かれた絵入りマークに交換された。

DATA

特急しおかぜ	1988年4月10日〜現在	岡山〜松山・宇和島	
前身・並列列車			
特急しおかぜ	1965年10月1日〜1968年9月30日	新大阪〜広島	廃止。『しおじ』に継承
特急しおかぜ	1972年3月15日〜1988年4月9日	高松〜松山・宇和島	廃止。『いしづち』に継承

しおじ

東海道新幹線の開業以降、山陽新幹線の博多開業までの中継ぎとして関西と中国地方をつないだ特急。新大阪〜下関を8時間で結んだ。181系、485系、583系の特急車両が使われるなど最盛期は7往復体制だった。

トレインマークの制定よりも前に廃止となったので、ヘッドマークは文字のものしかない

DATA

特急しおじ	1964年10月1日〜1975年3月10日	新大阪〜下関　廃止
前身・並列列車		
なし		

しなの

ヘッドマークは字のみの運用だった。この後、しなのは381系、383系が導入され、絵幕となっている

急勾配でもスピードを出せるよう開発されたキハ181系とともに、名古屋〜長野間特急として誕生。車両を変えスピードアップしながら、現在も中央西線を走行中。

DATA

特急しなの	1968年10月1日〜現在	名古屋〜長野
前身・並列列車		
なし		

しまんと

1988年の瀬戸大橋開通時にこれまで高松発着だった特急『南風』が岡山発着となったため、高松～高知・中村間を特急『しまんと』と名称を変えた。大半の列車は高知止まりで、四万十川流域まで走らないのが多い。

1988年のデビュー時から付けられた絵柄。四万十川の流れと赤とんぼが描かれている

1990年11月より、ヘッドマークのデザインがシンプルなものに一新された

DATA

特急しまんと	1988年4月10日～現在	高松～高知・中村
前身・並列列車		
なし		

しらさぎ

1964年12月から名古屋～米原～富山間を結んだ特急。運行開始時から481系が使われ、中京圏と東海道新幹線から北陸へのアクセス列車として活躍している。

485系のヘッドマークで、1985年以前は文字のタイプのものが使われていた。元になった絵柄は1978年に設定されたトレインマーク

DATA

特急しらさぎ	1954年12月25日～現在	名古屋～富山
前身・並列列車		
なし		

白根

1971年から上野〜長野原で運転された臨時特急。同年10月からは万座・鹿沢口まで運転区間が延びた。1975年に183系になるまで157系が使用され、『あまぎ』と同じ形のヘッドマークが取り付けられた。

157系用に作られた横長のヘッドマーク。『あまぎ』とは異なり、細いゴシック体となっていた

DATA

特急白根	1982年11月15日〜1985年3月14日	上野〜万座・鹿沢口	廃止。『新特急草津』に継承
前身・並列列車			
なし			

そよかぜ

1968年から北陸新幹線長野開業の1997年まで上野〜中軽井沢間で運転されていた季節特急。181系や489系などのボンネット形も使用され、1978年までは文字マークが取り付けられた。

485系に付けられていたヘッドマーク。1978年時点でトレインマークは設定されていたが、ボンネットタイプのヘッドマークにはならなかった。文字のヘッドマークも、かな書体のウェイト違い、アルファベットの書体や置き方の違うバージョンがあった

DATA

特急そよかぜ	1968年7月20日〜1994年12月3日	東京〜中軽井沢	廃止
前身・並列列車			
なし			

つばさ

ヘッドマークを復活させたいという想いを持った田端機関区の有志が手作りしたもの。1977年1月16日に上野～秋田間で運転された『つばさ』51号の上野～黒磯間で取り付けられたほか、5月や8月などにも同様に運転されている

キハ181系のヘッドマーク。キハ80系でも同じ書体で運用されていた。1975年11月24日でキハ181系での運用が終わり、このあとは485系の絵幕に取って代わる。

1961年に上野～福島～奥羽本線～秋田間を結んだ特急。当初はキハ80系で運転されていたが、1970年からキハ181系となった。いずれも文字マークが前面貫通路に掲げられていた。また多客期には14系客車を使った臨時列車も運転された。

DATA

特急つばさ	1961年10月1日～1992年6月30日	上野～秋田	廃止。山形新幹線に名称のみ継承
前身・並列列車			
なし			

とき

ボンネットタイプ初の絵柄ヘッドマークが
『とき』。1979年1月にデビューとなった

1962年6月から上野〜新潟間を結んだ特急で、
東海道・山陽本線以外で初の電車特急。運行開始
から廃止までボンネット形の161系→181系を使
用しており、1978年までは文字のもの、以降は
絵入りマークが取り付けられていた。

文字のヘッドマーク。「朱鷺」と漢字
表記も入れられており、他の特急列
車にはない特徴だった

DATA

特急とき	1962年6月10日〜1982年11月14日	上野〜新潟	廃止。上越新幹線に継承
前身・並列列車			
なし			

白山

1978年のトレインマーク設定から遅れること約1年、1979年3月に485系ボンネット用の絵柄ヘッドマークが登場。山並みと清流、白山に分布するミヤマクロユリが描かれている

当初は文字のヘッドマークが使われていた

1972年から上野～金沢間を長野経由で結んだ特急。交直流電車でEF63形と協調運転ができる489系が登場したことにより、急行から格上げされた。廃止まで489系で運転され、1978年からは絵入りのマークが取り付けられた。

DATA

特急白山	1972年3月15日～1997年10月1日	上野～新潟	廃止
前身・並列列車			
急行白山	1954年10月1日～1972年3月15日	上野～金沢	特急化

はくたか

1979年3月から485系ボンネット用の絵柄ヘッドマークが登場。設定されたトレインマークを横に伸ばした感じだが、逆にはくたからしい絵となった

当初使われていた文字のヘッドマーク

大阪〜直江津〜上野・青森で運転されていた『白鳥』のうち上野編成を分離させて誕生。富山県に伝わる立山開山伝説に登場する白鷹が列車名の由来。後に上越線経由の上野〜長岡〜金沢の特急となり、上越新幹線開業まで運転された。

DATA

特急はくたか	1969年10月1日〜1982年11月15日	上野〜金沢（長岡経由）	廃止。
前身・並列列車			
特急はくたか	1965年10月1日〜1969年9月30日	上野〜金沢（長野経由）	廃止。
特急はくたか	1997年3月22日〜2015年3月14日	金沢・福井・和倉温泉〜越後湯沢	廃止。北陸新幹線に名称のみ継承

はまかぜ

キハ181系では1985年3月にトレインマークが決定。絵柄のものに変えられていった

1972年から新大阪・大阪〜鳥取・倉吉間を山陰本線経由で結んでいる特急。当初はキハ80系が使われていたが、1976年からはキハ181系に置き変わり2010年にキハ189系に変わるまでマーク付きで活躍した。

キハ80系のヘッドマーク。書体は同じのようだが、太さが異なるパターン

DATA

特急はまかぜ	1972年3月15日〜現在	新大阪・大阪〜倉吉・鳥取
前身・並列列車		
なし		

白鳥

1961 年に大阪～上野・青森間を北陸本線経由で走った特急『白鳥』は、1965 年に上野行きを分離し、大阪～青森間の特急として 2001 年まで在来線昼行特急最長距離を走る列車であった。当初はキハ 80 系だったが、1972 年より 485 系。

485 系に付けられたヘッドマーク。1978 年に設定された特急マークを反映させたものとなっている

DATA

特急白鳥	1961年10月1日～2001年3月3日	大阪～青森・上野	廃止
前身・並列列車			
特急白鳥	2002年12月1日～2016年3月26日	八戸・青森～函館	廃止

ひびき

準急タイプの 157 系を車両を使っていたため、ヘッドマークも準急タイプのウィング状ものとなっていた

大好評となった『こだま』の増強用に、東京～大阪間臨時特急として登場したが、使用車両は準急用の 157 系だった。それでも利用率は高く昭和 38 年には定期列車化した。東海道新幹線の開業とともに廃止。

DATA

特急ひびき	1959年11月21日～1964年9月30日	東京～大阪	廃止
前身・並列列車			
なし			

ひたち

1985 年から絵柄のヘッドマークに変更。水戸の偕楽園の名物、梅があしらわれている

1969 年 10 月から上野〜平間を結んだ特急。電済みの路線だったがキハ 80 系で運転されていた。その後 1972 年に電車化され、1998 年まで 485 系で運転された。

字のヘッドマークも異なる書体のものがある。「だち」を比べると微妙な違いが分かる。またアルファベットの字間も異なっている

DATA

特急ひたち	1969年10月1日〜1998年12月9日	上野〜平	廃止。『フレッシュひたち』に継承
前身・並列列車			
準急ひたち	1963年10月1日〜1966年3月4日	上野〜平	急行化
急行ひたち	1966年3月5日〜1967年9月30日	上野〜平	廃止。『ときわ』に継承
特急ひたち	2015年3月14日〜現在	上野〜仙台	

ひだ

当初は文字のヘッドマークだったが、1980年10月に国鉄の『いい日旅立ち』キャンペーンにあわせて、絵柄のマークとなった。飛騨高山の合掌造りがデザインされている

名古屋〜高山間を走る急行『奥飛騨』のヘッドマークは、『ひだ』のヘッドマークをどこか彷彿とさせるデザインになっている

1968年10月に名古屋〜金沢間を高山本線経由で結ぶ特急として登場。キハ80系で運転され、文字マークがついていたが、運転区間が名古屋〜飛騨古川間に短縮された頃に絵入りに変更された。

DATA

特急ひだ	1968年10月1日〜現在	名古屋〜金沢	
前身・並列列車			
準急ひだ	1958年3月1日〜1966年3月4日	名古屋〜富山	急行化
急行ひだ	1966年3月5日〜1968年9月30日	上野〜金沢	廃止。『のりくら』に継承

南紀

1985年3月より登場した絵柄のヘッドマーク。沿線にある、和歌山県那智の那智の滝をデザインしたもの

C62蒸気機関車に取り付けられていたヘッドマーク。文字がリベット止めで、風を表す一番下のラインが左端まで流れず巻いている

1978年10月に特急『くろしお』のうち名古屋〜新宮・紀伊勝浦間を独立して運転がはじまった。1992年までキハ80系で運転され、これは定期特急としては最後であった。

DATA

特急南紀	1978年10月2日〜現在	名古屋〜紀伊勝浦	
前身・並列列車			
準急南紀	1953年5月1日〜1966年3月4日	天王寺〜白浜口	急行化
急行南紀	1966年3月5日〜1968年9月30日	天王寺〜白浜口	廃止。『きのくに』に継承

南風

1972年に『しおかぜ』と共に四国初の特急列車として高松～高知・中村間を結んだ。1988年の瀬戸大橋開業で岡山発着に変更された。

キハ181系では当初文字だったが、1985年3月にトレインマークが設定され、椿の花が咲く断崖の絵柄に変更となった

DATA

特急南風	1988年4月10日～現在	岡山～高知・中村	
前身・並列列車			
準急南風	1950年10月1日～1965年9月30日	高松桟橋～須崎	急行化
急行南風	1965年10月1日～1968年9月30日	高松桟橋～須崎	廃止。『あしずり』に継承
急行南風	1968年10月1日～1972年3月14日	別府～西鹿児島・鹿屋・宮崎	廃止。『しいば』に継承
特急南風	1972年3月15日～1988年4月9日	高松～中村	廃止。『しまんと』に継承

能登

昭和30年代から長らく関東と北陸を結ぶ急行列車として活躍していた急行『能登』は幾度とそのルートを変えてきた。ヘッドマークは平成に入った1993年に客車から特急車両である489系電車に置き換わったタイミングから導入され、2010年3月に臨時化されるまで使われた。

時化る日本海と能登半島が描かれたヘッドマークで、しっかりと能登島も描かれている

DATA

特急能登	1982年11月15日～2010年3月12日	上野～金沢
前身・並列列車		
なし		

にちりん

1968年10月から博多～西鹿児島間を日豊本線経由で結んだ特急。当初はキハ80系であったが、1972年から博多～大分、1974年に南宮崎、1979年に西鹿児島までと電化と共に485系電車での運転区間が延びていった。

485系だけでもバージョン違いが多い。文字でもひらがなの書体が違うほか、アルファベットの字間も異なる。絵柄のほうも、色味が薄いものと濃いものがある。キハ80系のものは、485系の字に似た雰囲気の書体となっていた

DATA

特急にちりん	1968年10月1日～現在	博多～西鹿児島
前身・並列列車		
なし		

北越

1969年の北陸本線糸魚川〜直江津間電化で登場した大阪〜新潟間を結んだ特急。1978年10月に運転区間が金沢〜新潟間と短縮された。登場から廃止まで485系電車で運転された。

当初は文字のヘッドマークだったが、字の太さが若干異なったバージョンがあった。1978年以降、絵柄のマークに変わった

特急

DATA

特急北越	1970年3月1日〜2015年3月13日	大阪〜新潟	廃止
前身・並列列車			
なし			

北斗

1965年11月に函館〜旭川間を結ぶ特急として登場。1972年から函館〜札幌間に短縮。寝台特急『北斗星』と同じく、北斗七星が由来。

キハ80系のころの文字のヘッドマーク

スラントノーズのキハ183系が1979年にデビューした際に、既に『北斗』の絵幕が出来ていた。1985年に貫通型のキハ183とともに、絵柄のヘッドマークが登場

DATA

特急北斗	1965年10月1日〜2018年3月16日	函館〜旭川	廃止。『スーパー北斗』に継承
前身・並列列車			
急行北斗	1949年9月15日〜1965年9月30日	上野〜青森	廃止。『ゆうづる』に継承。1950年11月8日命名
特急スーパー北斗	1994年3月1日〜2020年3月13日	函館〜札幌	廃止。『北斗』に継承
特急北斗	2020年4月14日〜現在	函館〜札幌	

まつかぜ

1985 年 3 月より新たな特急のトレイン
マークが決まり、『まつかぜ』のヘッド
マークもそれに倣った絵柄に

キハ 80 系のヘッドマーク。同じ書体に見えるが、「ぜ」に注目
すると異なるのが分かる

1961 年に山陰本線初の特急として登場し、京都
〜松江間を福知山線と山陰本線経由で結んだ。そ
の後延伸や短縮を経て 1986 年 10 月末に廃止さ
れた。

キハ 181 系のヘッドマーク。キハ 80
系のものとは全く書体が異なっていた

DATA

特急まつかぜ	1961年10月1日〜1986年10月31日 京都〜松江	廃止。『スーパーまつかぜ』に名称継承
前身・並列列車		
特急スーパーまつかぜ	2003年10月1日〜現在	鳥取〜米子・益田

やくも

1972年3月の山陽新幹線岡山開業時から岡山〜出雲市・益田間を結んだ特急。1982年の伯備線電化まではキハ181系で運転されており、文字のヘッドマークが掲げられていた。

いずれもキハ181系のヘッドマーク。左上と上のものは書体が同じだが、文字間のバランスが異なる。左下のものは書体は同じだが細い。またヘッドマーク部分の仕様の異なるタイプ

DATA

特急やくも	1972年3月15日〜現在	岡山〜出雲市・益田	
前身・並列列車			
準急やくも	1959年9月22日〜1965年9月30日	米子〜博多	廃止。『やえがき』に転向
特急やくも	1965年10月1日〜1972年3月14日	新大阪〜浜田	廃止。『まつかぜ』に継承

やまばと

1964年10月から上野〜山形間を結んだ特急で、当初はキハ80系気動車で運転されていた。後に特急『あいづ』となる会津若松行きも登場し、電車化同時に別列車として分離。1985年に廃止。

485系のボンネットタイプと、キハ80系のヘッドマーク。それぞれだいぶ異なる印象

DATA

特急やまばと	1965年10月1日〜1985年3月13日	上野〜山形・会津若松	廃止
前身・並列列車			
特急やまばと	1964年10月1日〜1965年9月30日	上野〜山形	廃止。『つばさ』に継承

やまびこ

1965年10月の東北本線盛岡電化で登場し、上野〜盛岡間を結んだ特急。廃止まで483系→485系で運転された。1978年から幕式ヘッドサインの車両は絵入りとなったが、ボンネット型には用意されなかった

485系のヘッドマーク。1978年に絵幕も登場したが、485系貫通/非貫通型のみに設定され、ボンネットタイプでは字のみだった

DATA

特急やまびこ	1965年10月1日〜1982年6月22日	上野〜盛岡	廃止。東北新幹線に継承
前身・並列列車			
準急やまびこ	1959年2月1日〜1963年9月30日	福島〜盛岡	廃止。『あぶくま』『むつ』に継承

みどり

1975年まで新大阪〜大分間で走っていた『みどり』と1976年から博多〜佐世保を走る『みどり』は両方とも485系電車で運転され、同じヘッドマークが使われた。

485系のヘッドマーク。緑の絵柄は1987年に登場した絵幕用の絵柄がベース

DATA

特急みどり	1976年7月1日〜現在	小倉・博多〜佐世保	
前身・並列列車			
特急みどり	1961年10月1日〜1964年9月30日	大阪〜博多	廃止。『はと』に継承
特急みどり	1964年10月1日〜1975年3月9日	新大阪〜熊本・大分	廃止。九州内特急に名称継承

雷鳥

485系に付けられていた雷鳥のヘッドマーク。上のものは純粋に文字が太い。下2つは細字だが、左は雷の下のつくりが小さく、鳥の点がほぼ縦棒が4つ並んでいる。一見に多様に見えて細部が結構異なっている

1964年12月から大阪〜富山間を結んだ特急。使用車両の481系は『しらさぎ』とこの『雷鳥』でデビューした。北陸本線の主力特急として活躍したが、2011年に全列車がサンダーバーに統合された。

絵柄のマークになった後のもの。絵幕のデザインとベースは一緒だが、足元の岩場の形と、雪の立山の形状が若干異なる。雷鳥自体も若干平たくなっている

DATA

特急雷鳥	1964年12月25日〜2011年3月11日	大阪〜富山	廃止。『サンダーバード』に継承
前身・並列列車			
なし			

ヘッドマークの取り付け方

P70 からの記事で構造がわかったところで、実際にどう取り付けていくのかを見てみよう。

本州の上止め型は、機関車に上がってねじ止めをしていくことになる。バランスを崩すと危ないので、基本的には二人作業だ（かつての国鉄では一人でこなしていたそうだ）。

下止め型の場合は、上のステーに引っ掛けてねじ止めするだけなので、一人でも問題なく作業が可能だ。いずれの場合でも手で仮止めした後、レンチでしっかり締め上げて固定する。また、下止め型の場合は、盗難防止用に錠前をかけることもある。

本州タイプでも米原機関区では、ちょっと独特な止め方をしている。上のステーに長さ5cmほどのスペーサーをかませてから、ヘッドマークを止めていく。なぜこのようにしているのか、詳しいことは不明だそうだ。

九州の電気機関車用は、ステーの上下にフックをかませて固定する。下側のステーがT字になっているため、フックに穴が開いてないと固定できない。蒸気機関車用のものを間違って装着しないための工夫のようだ。

逆に九州の蒸気機関車には、蒸気機関車用、電気機関車用のどちらをも装着できる。ステーが金属板のため、フックに通れば装着できるからだ。

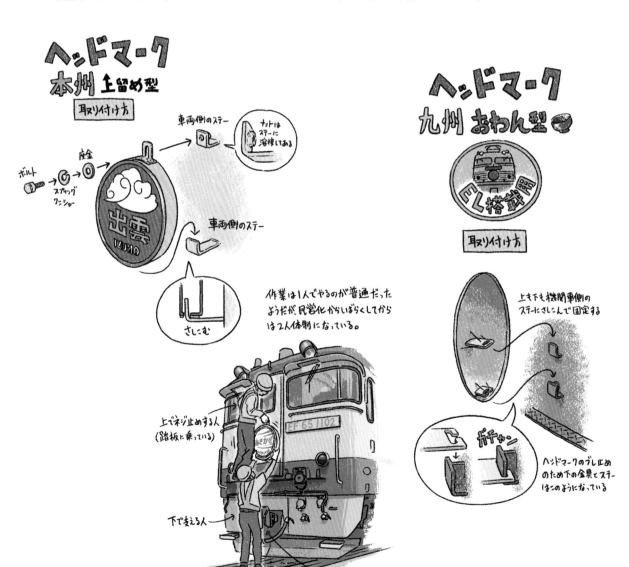

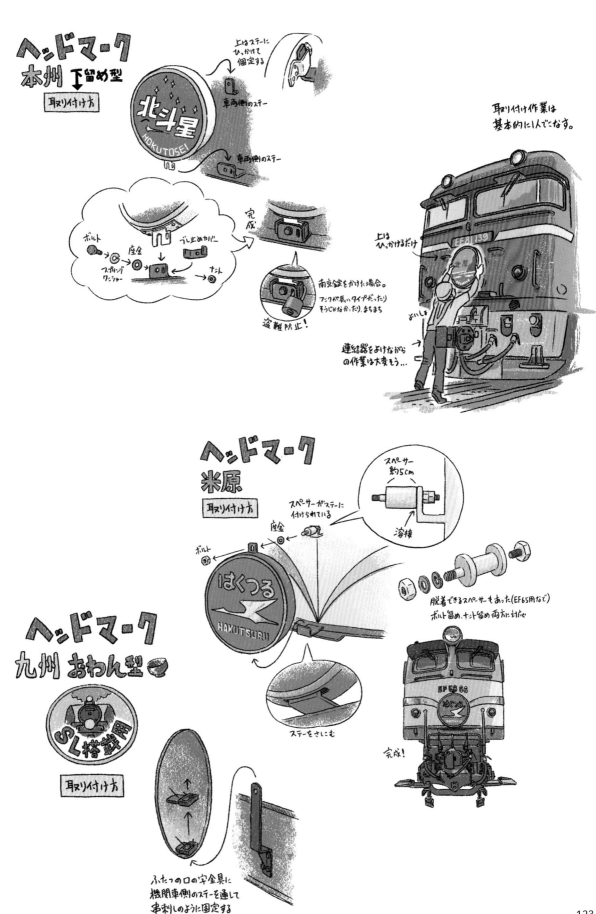

ヘッドマーク
本州 下留め型
取り付け方

北斗星
HOKUTOSEI

上はステーに
ひっかけて
固定する

車両側のステー

車両側のステー

ボルト
スプリング
ワッシャー
座金
ブレ止めカバー
ナット

完成

南京錠をかけた場合。
フックが長いタイプだったり
そうじゃなかったり。まちまち

盗難防止！

取り付け作業は
基本的に1人でこなす。

EF81 139

上は
ひっかけるだけ

よいしょ

連結器をよけながら
の作業は大変そう…

ヘッドマーク
米原
取り付け方

スペーサー
約5cm

溶接

スペーサーがステーに
付けられている

座金

ボルト

はくつる
HAKUTSURU

脱着できるスペーサーもあった(EF65用など)
ボルト留め、ナット留め両方に対応

ステーをさしこむ

EF58 66
はくつる

完成！

ヘッドマーク
九州 おわん型

SL搭載用

取り付け方

ふたつの口の字金具に
機関車側のステーを通して
串刺しのように固定する

写真で見る実際の取り付け

本州上止め

上のステーのネジを開ける

ヘッドマークを持ち上げ

下のステーに差し込む

上止めのステー

上の固定部分

ねじを止める

位置を確認

完成

下の固定部分

本州下止め

取付前

持ち上げて上のステーにかける

上の固定部分

下止めのステー

下のステーに差し込んでねじ止め

完成

下の固定部分

本州下止め（ディーゼル機関車）

機関車に上がる

ステーを取り付ける

ステーのネジを開ける

ステーの固定部分

上のステーに引っ掛ける

下側をねじ止め

完成

九州電気機関車　　九州蒸気機関車

取付前　　　　　　　　　独特のステー形状　　　　取付前　　　　　　　ヘッドマークをもってあて　差し込む
　　　　　　　　　　　　　　　　　　　　　　　　　　　　　　　　　　　がい

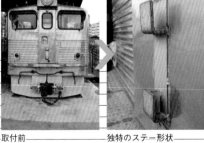

差し込んで固定　　　　　完成　　　　　　　　　　こんな感じでステーに通す　完成

ジョイフルトレイン／イベント列車

アイランドエクスプレス四国

1996年のリニューアル時に、同時に変更された
マーク。白地に筆記体のデザインとなった

分割民営化直後の1987年に、50系客車を改造
して登場した欧風客車。編成両端部に連結される
オロフ50形には、欧風の別荘のベランダをイメ
ージした展望室が設置され、1999年まで四国各
地で活躍した。

1987年にデビューした当時のマーク。
照明内蔵式となっている

お座敷列車

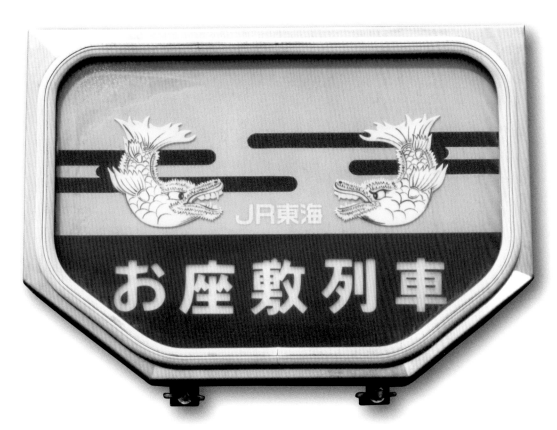

下止めのテールサインで、編成での愛称名がない
ため、「お座敷列車」と書かれた上に金の鯱鉾が
描かれている。民営化後に JR 東海の文字が追加
された

1983 年に登場した名古屋鉄道管理局の和式客車。
12 系客車を改造し、両端にはサロンと展望室が
設置されたのが大きな特徴。客車編成自体に名称
はなかったが、テールサインが展望室部分に設置
されていた。1999 年まで活躍した。

国鉄時代のテールサイン。基本的なデザインは
一緒だが、JR 東海の文字はない

オリエントサルーン

オリエントサルーンのエンブレム

専用機として塗装が塗り替えられた ED75 形 707 号機と 711 号機にはオリエントサルーンのエンブレムを模ったヘッドマークが取り付けられた

12 系客車を改造して 1987 年に登場した和式客車。和式客車だが、畳敷ではなくカーペットが敷かれていた。編成両端には展望室があり、エンブレムを象ったヘッドマークが掲げられていた。主に東北を中心に活躍。

旅路

1994 年の展望車設置改造が行われるまでこのマークが掲げられていた

1981 年に 12 系客車から改造された和式客車。和式客車のイメージアップを図るため、編成両端のスロフ 12 形 800 代に気動車特急と同じような板式の大型行灯式愛称名板を設置した。広島を中心に各地で活躍した。

サロンカーなにわ

1983 年に 14 系客車から改造された欧風客車。編成両端にある展望室には行灯式のテールマークが設置されており、牽引する機関車に、同じ絵柄のヘッドマークを付けることもあった。

中央に大阪城を配した明るいデザインとなっている

ほのぼのSUN-IN

1987 年にキハ 58・28 形から改造された和式気動車。ヘッドマークは同じく山陰地区で活躍する兄弟車で 1986 年に登場した和式気動車『ふれあい SUN-IN』と同じ絵柄で色違いだ。

ふれあいパル

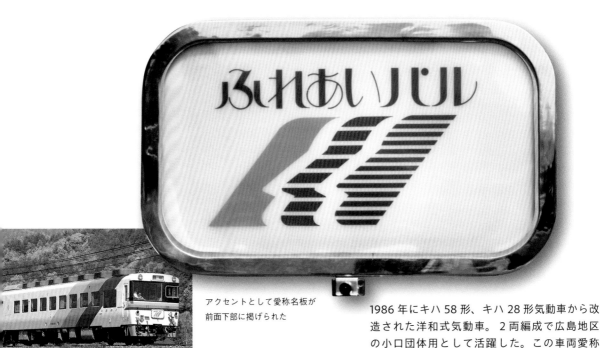

アクセントとして愛称名板が
前面下部に掲げられた

1986年にキハ58形、キハ28形気動車から改
造された洋和式気動車。2両編成で広島地区
の小口団体用として活躍した。この車両愛称
名は一般公募により決められた。

みやび

枯山水など和をイメージした絵柄となっている

1986年に14系客車から改造された和風客車。車
内は掘り炬燵式のお座敷があり、イベントカー
には枯山水も設置されるなど従来のイメージを一新
した。車両愛称は一般公募により決定。

ゆ～とぴあ

鹿児島地区を中心に走っていた『らくだ』を改造し、1987年3月に登場。2両編成で小口団体用として運転されていたが、1993年に1両が『しらぬい』に再々改造された。

らくだ

鹿児島局が近距離団体客誘致で増収をはかるため、座席を回転クロスシートに変更し、カラオケ装置などを設置して車内設備改善を行った団体輸送用気動車。1984年に登場。

列車名およびヘッドマークの絵柄は「国鉄トクトクきっぷ」のキャラクターである"らくだ"に因んでいる

133

サロンエクスプレス そよかぜ

1985 年当時はまだ EF62 形・EF63 形にはヘッドマーク取り付け座が設置されてなく、ヘッドマークの両側を手すりにかけた紐で吊って固定していた

欧風客車『サロンエクスプレス東京』を使用して逗子～中軽井沢・軽井沢で運転された臨時特急。1984 年の運転では逗子～高崎を東京機関区の EF65 形 1000 代が牽引しマークを付けていたが、翌年の新鶴見機関区移管後は取り付けられなくなった。高崎～中軽井沢では 1985 年から EF62 形や EF63 形にマークが取り付けられている。

東京機関区で作られたデザインは電車特急『そよかぜ』の絵柄によせたものとなっている

ゆうゆうサロン

1985年の登場時、まだ建設中であった瀬戸大橋が描かれていた。手描きのため、海や島のデザインが微妙に違うマークもあった

12系客車を改造し、1985年に登場した欧風客車。愛称名は一般公募で決められ、主に岡山地区を中心に全国各地で活躍した。1993年に大規模な延命工事が行われ、『ゆうゆうサロン岡山』に愛称名が変更となった。

瀬戸大橋開業前年の1987年8月時点のヘッドマーク

ゆうゆう東海

四季や多客臨に合わせて様々なマークが用意された

165系電車を改造し、1989年に登場した欧風電車。車両前頭部が非貫通となり、下部に愛称名板が設置された。静岡地区を中心に団体列車や臨時列車などで運転され、1999年に引退した。

サザンクロス

列車名通り南十字星をイメージした
デザイン。文字や星など凝ったパー
ツが多く、制作には苦労したという

12系客車から改造された欧風客車で、1987年に
登場。4月1日の民営化初日より営業運転をはじ
め、九州を中心に各地で運転されたが、1994年
に引退した。

ユーロライナー

ユーロライナー運転時には機関車側に
このヘッドマークが取り付けられた

2001 年に EF58 157 によって牽引さ
れた団体列車『ユーロライナー富士高
原』のヘッドマーク

12 系客車を改造し、1985 年に登場した欧風客車。
編成両端に展望室を設け、名古屋を中心に全国各
地で運転された。また車両は、『カートレイン』
としても使用された。

清涼／清流しまんと

高知県と愛媛県を結ぶ予土線は清流と知られる四万十川沿いに敷かれており、風光明媚であることから1984年から国鉄初のトロッコ列車として普通列車に貨車改造のトロッコ車を連結した「清涼しまんと」の運転を開始した。

トロッコのテールマーク。1998年は『清流しまんと』で川と橋梁の描かれたものを使用

登場時のマークのひとつ、四国を象ったテールマーク。写真は1986年のもの

I LOVE しまんと

高知〜松山（直後に宇和島）を予土線経由で結ぶ臨時特急で、沿線の活性化を目的に1997年に投入。2年間運転された。車両はキハ185系だが、車体正面にはカワウソの顔、側面には四万十川のアマゴ、カワエビ、トンボなどが描かれていた。

ヘッドマークには四万十川の風景と、跳ねる鮎が描かれていた

清流ながら

機関車に掲げられた
ヘッドマークは丸型。
山と清流と踊る女性
が描かれた

岐阜県の長良川は日本三大清流の一つとして有名
だが、その沿線を走る越美南線（現：長良川鉄道）
で運転されたトロッコ列車。DD16形の牽引で、
客車とトロッコ車が連結された。

客車のテールには台形のマークが掲げられ
た。こちらはヘッドマークの図柄に加え、合
掌造りの家のデザインが入っている

おおぼけトロッコ

土讃線の阿波池田（後に琴平）〜大歩危で、1997年より運転されたトロッコ列車。吉野川中流にある渓谷・大
歩危小歩危の景色を車内から楽しめる車両として人気だったが、2016年秋で運転を終えた。

トロッコファミリー

1991 年に掲げられていた
ヘッドマーク。ハイキン
グのような光景がデザイ
ンされていた

1986 年 12 月、『清流ながら』が運転されていた
越美南線が第三セクターの長良川鉄道に転換し
た。この時に運用を終えた客車とトロッコ車を転
用して、1987 年より飯田線にて『トロッコファ
ミリー号』が運転された。

トロッコのテール部分に掲げられていた
マーク。こちらも 1991 年時点のもの

1989 年のヘッドマーク。
家族が車に乗っているデ
ザイン

奥出雲おろち

ヘッドマークは列車名でもある八岐大蛇をイメージした絵柄となっている。また同じデザインのものが、トロッコのテールの部分にも小さく配置されている

木次線利用促進を目的として、1998年から出雲市・木次～備後落合で運転されているトロッコ列車。ブルーと白に星をちりばめたデザインが特徴。DE10形またはDE15形牽引で客車2両を連結。

ノロッコ

1998年に新車両が登場した際に車体
側面ロゴと同じ絵柄のヘッドマーク
に変更された

1989年に釧路湿原が国立公園に指定されたこと
から運転が開始された釧網本線トロッコ列車。「ノ
ロッコ」とは日本一遅い列車としてノロいとトロ
ッコを掛け合わせた言葉で、後に富良野線でも運
転が開始された。

『くしろ湿原ノロッコ』は春〜秋にか
けて釧路湿原を走る観光トロッコ。
1993 年のヘッドマーク

2016 年まで運転されていた『オホーツク
流氷ノロッコ』は、沿岸に打ち寄せる流
氷を展望するための列車。晩年は『流氷
ノロッコ』に名称を変えた

1997 年に運行が開始された
『富良野・美瑛ノロッコ』は、
夏〜秋にかけてラベンダー
の咲く丘などを観光する。年
代によってさまざまなバリ
エーションのヘッドマーク
がつけられている

『富良野・美瑛ノロッコ』10 周年の際のヘッドマーク

海峡

津軽海峡と海鳥が描かれている。また
ED79形は下止め上支えのタイプ

青函トンネル開業10周年となる1998
年からは『ドラえもん』とタイアップ。
ヘッドマークや機関車、客車などにキャ
ラクターの装飾がおこなわれた。『ドラ
えもん海底列車』として運転する際は、
これらのヘッドマークが使われた

1988年3月の青函トンネル開業により、それま
での青函連絡船を置き換える形で青森〜函館で運
転が開始された快速列車。2002年12月に特急『白
鳥』に置き換えられ運転を終えた。

SLやまぐち

機関車側のヘッドマークは、
黄色地に山口県鳥のナベツル
が描かれている

1979年8月1日から山口線小郡〜津和野で運転
されているSL。国鉄・JRでは最初の蒸気機関車
の動態保存列車で、40年以上に渡って運転され
ている。

客車側のテールマークは黄色地に
山口市にある国宝の瑠璃光寺五重
塔が描かれている

オリエントエクスプレス88

欧州で走っていたオリエント急行を日本まで走らせるべく、1988年にフランスのリヨン発東京行きとして運転され、東京駅到着後は2ヶ月間に渡って日本中で運転された。国内で運転された際は機関車にはこのマークが掲げられた。

オリエント急行のシンボルマークが描かれている

ADトレイン

1編成の車内広告全てを貸し切る広告貸切列車。JR東日本が1990年から首都圏各地で運転している。そのうち山手線では、2000年代初頭までヘッドマークを取り付けて運転していた。

AD（Advertising）をそのまま
ロゴにした明快なデザイン

バーボンエクスプレス

1987年10月にサントリーと
JR東日本のタイアップによ
り運行された車両。バーカウ
ンター風に改造された車内で
は、バーボンを飲むことがで
きた。EF58形61号機とEF65
形1000代が客車を挟んで走
るプッシュプル方式で品川〜
大船で運転された。

イベント・ジョイフルトレイン

よかトピア

1989年に福岡市で行われたアジア太平洋博覧会
（よかトピア）の開催に合わせて運行された列車。
専用塗装した415系でも運行した。

イメージキャラクターの「太平くんと洋子ちゃん」は、手塚治虫氏がデザインを手がけた

アメリカントレイン

1988年に登場し、1年間沖縄を含む日本全国を周遊した。
ヘッドマークにはアメリカ合衆国の事実上の国章であるハク
トウワシが描かれている

日米通商摩擦緩和の一環で行われた、アメリカ商
品とアメリカのプロモーションを目的としたパビ
リオン列車。50系客車12両編成がパビリオンに
改造されている。またEF60形19号機と客車は
星条旗ベースとしたカラーリングに塗られた。

エキスポライナー

一見、同じように見えるが、枠の大きさや目の大きさ、背後の楕円軌道の影のありなしなど、微妙にデザインが異なっている

1985年に茨城県で行われた国際科学技術博覧会（つくば科学万博）。会場連絡駅として開設された万博中央駅へのアクセス列車の一つとして運転された臨時快速。ヘッドマークにはつくば科学万博のキャラクターであるコスモ星丸が描かれた

ヘッドマークのディテール

遠くから眺めるだけでも楽しいヘッドマークだが、実物を見るとさらに面白い発見がある。ねじやリベットの跡、板金を加工した跡、綺麗な金属の継ぎ目、溶接の跡、塗装を繰り返して出来ただろう凸凹、運用していく中でぶつけたであろうへこみ、欠けた飾り、経年による部材の劣化などなど。

もちろん列車に付けられ走っている間は見ることは出来ないが、日本各地にある鉄道系の博物館や資料館、記念館の展示では実物を見ることが可能だ。ここでは今回取材していく中で、通常では見ることのなかった面白いポイントを紹介したい。
（協力：鉄道博物館、九州鉄道記念館）

かつて東京機関区で使われていた『つばめ』のヘッドマークを正面、裏面、上面、下面、側面から紹介。太鼓型になる前の構造で、裏面中央に持ち手がある

ステーに取り付ける金具の部分。溶接ではなく、下面からリベットで止めて曲げている

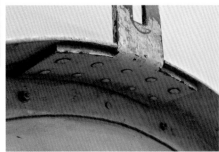

持ち手のあたりを別角度で。パイプを曲げて持ち手を作っているのがわかる。また、表の図柄はボルトとナットで止められている

『はと』の顔の部分。目のところに一回り大きなリベットが使われている模様

ステーを受ける下の穴が、しっかり作られている。ちなみに『みずほ』ではただ穴が開いてるだけだった

東京機関区で扱っていた『はと』の1つ目、という意味らしい

『みずほ』の文字と絵柄が変わる部分が交わるところ。拡大してようやく分かるが、上と下の図柄をそれぞれ切りぬいて、ぴっちりと合わせている。さらに文字の形を切りぬいて、地になっている金属の塗装色を見せている

地の金属が青と赤の塗装をされている構造だとわかった

裏面。さすがに塗装が剥げてきているが「東京」「3」と書かれていた。表の金属が短いねじでナット止めされているのもわかる

ぼこぼこになっている底面。この『みずほ』が結構重たいため、何度か落下させているだろうことがうかがえる

『さくら』の表面を見ると、何度も塗装を重ねたであろう跡がうかがえる

『あさかぜ』の風の部分だが、塗装は剥げているものの綺麗に面取りされていたことが見て取れる

海面に映り込む光は、ガンタッカーで打ち込まれている。下に見えるのはボンドかグルーガンか

土台をねじで止めて固定している

『サロンエクスプレス踊り子』が、まさかのベニヤ板と、角材でできているとは予想外だった

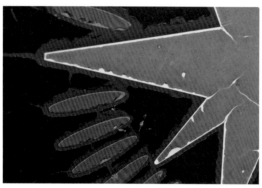

『カシオペア』の表面素材が経年劣化で縮んだり変色している。図柄ごとに貼ってあったようだ

『エキスポライナー』が、意外と分厚いアルミを削って作り付けられていた

ステーとの接続部分。本体に溶接ではなく、部材をリベットで止めてある

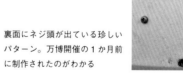

裏面にネジ頭が出ている珍しいパターン。万博開催の1か月前に制作されたのがわかる

『せっつ』のパネルを止めている部分。工夫して作られているのを感じる

まさか図柄の部分の金属がへこんでいるとは夢にも思わなかった『夢空間』

『はつかり』の文字が、実は数mmの厚さを持っていると発見。模型になっており、角度を変えると立体になあっているのがよくわかる

経年のおかげで2枚のパネルを張り合わせていたのがわかった。かなり凝った作りだ

割れてしまっていた『やまびこ』だが、文字の部分がはがれていることが、気づきのきっかけ

3つの角度から。そもそも立体に作られた文字が、封入されているのがよく分かる

『鹿島』はアルミの金属に、塗装されている。塗装面が盛り上がって見える

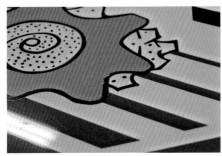

『内房』はプラスチックの板。こちらも塗装によって仕上げられていたようだ

急行・快速・普通

東海道急行形

　1960年6月に東京〜大阪間急行『なにわ』の増発目的で、153系による電車急行『せっつ』が誕生。翌年3月には『なにわ』も153系で電車化され、この時に宮原機関区でウィング型の折りたためる急行ヘッドマークが登場した。

　東京〜大阪間で同じ153系を使う列車として、共通で運用することが求められたためと思われる。

　のちに、このデザインをそのまま流用し『東海』『ながら』などにも使われるようになった。

『なにわ』は1956年11月19日より東京〜大阪間を走行。当初はヘッドマークはなかった

『なにわ』の好評を受け、1960年6月1日に登場

1つのヘッドマークに、4つの行先が格納されている。『よど』→『なにわ』→『せっつ』→『三本線』という形。金属のリングに、厚みのある金属を通しているため、切り替えには少し手間がかかる

1961年10月1日より登場。『なにわ』『せっつ』同様、東京〜大阪間で運用

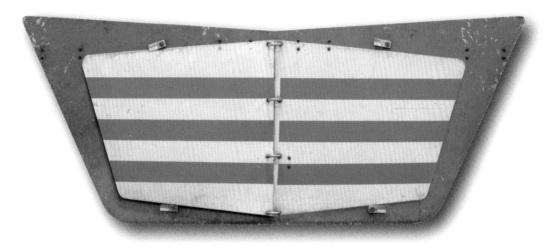

三本線は、快速や普通など定期運用以外の列車の場合などにも使われていた

『よど』と同じく1961年10月1日
より登場。東京〜大阪間で運用

三本線の上に、半紙に書いた『六甲』
で運用されたこともある

159

1961年10月より準急『東海』などにも同じデザインのヘッドマークが付けられるようになった。当初は急行が青、準急が橙という区分けがあったようだ

急行『なすの』には基本的にヘッドマークは付けられなかったが、1985年3月15日の東北・上越新幹線上野開業に伴い新特急となるため、さよなら運転が行われヘッドマークが付けられた

1992年10月に復活した飯田線の急行に、付けられていたヘッドマーク。東海道急行のウィングを模したもので、デザインはほぼ一緒だが、めくれる仕組みにはなっていない

阪和線を走っていた113系の新快速に付けられていたヘッドマーク。貫通扉に合わせるためか、小さな丸になっていた

1972年3月から、『新快速』に153系・165系でを運用することになり、同じデザインで色違いのものが採用された。ただし、表示が『新快速』『三本線』の2種類しかないため、横方向の折り畳みではなく縦方向に一度折るだけの構造へと変わっている

ストライプ入りウィングヘッドマーク

準急用の列車として 1959 年に 9 月に登場した
157 系につけられたヘッドマーク。長方形にス
トライプウィングがついたような形だった

急行・快速・普通

1961 年 10 月のダイヤ改正以降、宮原機関区の準急
列車では、東海道型に似たシルエットのヘッドマーク
を導入。ウィングにストライプが入っている（以前は
天地に太いウィング状のヘッドマークだった）

1962 年 10 月 1 日より、東北本線の交直流
電車急行として 451 系が登場。その時に、
東海急行形に似た折りたたみウィングのヘッ
ドマークが掲げられた。微妙にウィングが太
く、太明朝体なのが特徴。写真は『あおば』

1963 年 10 月より東北本線急行に新たなヘッドマークが登場。逆台形にストライプ入りのウィングがついたものとなった

北陸急行形ヘッドマ

　北陸本線用 471 系で使われた急行ヘッドマークは 1963 年 4 月から登場。1982 年 11 月のダイヤ改正まで使われた。

　登場時は幅の広い大型のヘッドマークだったが、1975 年 3 月以降、貫通路に収まるミニサイズのものが登場し、1978 年 10 月以降はミニサイズに統一された。

1956 年 11 月 19 日より、大阪～富山間急行として走行。1985 年 3 月 14 日に廃止

1966 年 12 月 1 日より米原～金沢間急行として走行。1985 年 3 月 14 日に廃止

1969 年 9 月より快速『こしじ』が登場。当初は『こしじ』の名称は入れられず、『快速』のヘッドマークをつけていた

ーク

1968年10月1日より、大阪～金沢・和倉・輪島間急行として走行。
沿線の福井～金沢間には温泉地が多かったため、このような名前が
付けられた。1982年11月15日に廃止

同じく快速だが、微妙に快速の文字が書かれている高さが
違っている

列車名や種別などのない空のマーク。
普通列車などで使われた

北海道急行形

北海道の特急同様、雪対策のためにケースの中に入った形のヘッドマーク。直径は 66cm。

急行にヘッドマークが取り付けられることになったのは、1988 年 11 月 3 日のダイヤ改正から。これはイメージアップの目的があった。

札幌～稚内間急行。2003 年 3 月 11 日のダイヤ改正で、特急『スーパー宗谷』に。2017 年 3 月 4 日の改正で特急『宗谷』

札幌～稚内間の夜行急行。2000 年 3 月 11 日に特急化するが、2006 年 3 月 18 日に廃止

旭川～稚内間急行。ヘッドマークはキハ 54 形に付けられていた。2000 年 3 月 11 日に廃止

青森～札幌間の夜行急行。青函トンネルとともにデビューした列車だが、2016 年 3 月 21 日に北海道新幹線の開業に伴って廃止

札幌〜釧路間の夜行急行。1993
年3月19日に『おおぞら』に
併合され廃止

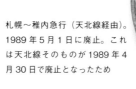

札幌〜網走間の夜行急行。1992年3
月14日に、『オホーツク』に併合され
廃止

札幌〜稚内急行（天北線経由）。
1989年5月1日に廃止。これ
は天北線そのものが1989年4
月30日で廃止となったため

165

房総半島急行形

　房総地区では、1969 年の電化による 165 系電車の投入に伴い、従来の気動車用の大きなウィングマークから角丸逆台形の小さなヘッドマークへと変更となった。

　小さなヘッドマークになったのは、電車でも気動車でも使えるよう、貫通路のサイズに合わせて作られたためだ。

　そののち、1975 年 3 月に房総地区の急行がすべて電車化。この時に角をとった逆台形のような形状のヘッドマークに変更となった。これは入れ替え式のプレートで、表裏それぞれに別の行き先が印刷されており、切り替えられる形となっている。また、初期の素材はアルミ、後期はプラスチックが使われている。

1972 年夏から運用が開始された臨時快速で、房総の快速電車用として制作された 113 系 1000 番代を使用。快速列車にヘッドマークが付けられるのは珍しかった。新宿・両国・東京〜安房鴨川・勝浦間を青い海は内房経由、白い砂は外房経由で走行した

新宿・東京〜安房鴨川間を走行した急行。1982 年 11 月 15 日に廃止。ヘッドマークには、安房地方の名産である房州サザエが描かれていた

外房と犬吠のヘッドマークは裏表に印刷されている

新宿・両国～銚子間を走行した急行。1982年11月15日に廃止。ヘッドマークには、漁船が描かれていた

色味は黄色というより橙に近い。1977年の段階では絵柄ではなく、INUBO とアルファベットが入れられていた

新宿・両国〜館山間を走行した急行。1982年11月15日に廃止。ヘッドマークには、ヨットが描かれていた

内房と鹿島のヘッドマークは裏表に印刷されている

千葉県香取市にある小見川。詳細は不明だが、町民号というヘッドマークでの走行が行われた

両国〜鹿島神宮間を走行した
急行。1982年11月15日に
廃止。ヘッドマークには鹿

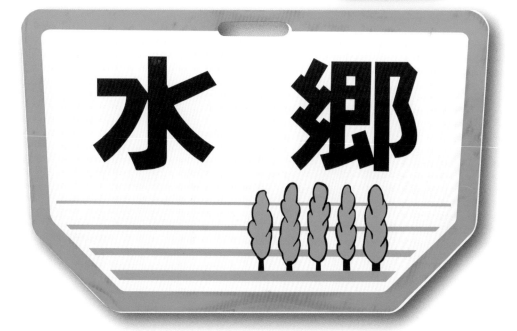

新宿・両国〜佐原・小見川間を走行した急行。1982年11月15日に、特急『すいごう』
に。ヘッドマークには並木が描かれていた。水郷の裏には特になく、白になっている

四国急行形

1962年ごろから1970年代後半までは、白地に赤で「急行」、青で列車名の入ったマークが使われていたが、1980年代前半には円の下3/5ほどが行先別に色で塗り分けられたタイプに変更となった。これは高松駅などの櫛型のホームに車両が並んでいる際、一目で行き先がわかるように配慮したものだ。予讃線・松山方面が青、土讃線・高知方面が赤、高徳線・徳島方面が緑だ。

また、それまで1枚の板だったが、1985年ごろから、横にめくれる形に変更になり、列車名の変更が容易になっている、

最初に登場したシンプルな
ヘッドマーク

高松～宇和島間の急行列車。1966年3月5日に登場し、1990年11月21日に特急『宇和海』に引き継いで廃止となった。このヘッドマークは1枚のプレートになっているタイプ

中央で折れて、別の表示に変えられるタイプ。この構造が主流となっていく

こちらも折れるタイプだが、仮名の書体が異なるバージョン（「う」の曲線、「わ」の交差部がわかりやすい）

高松～松山間の急行列車。1966年3月5日に登場し、1989年7月22日に廃止。こちらも『うわじま』と同様のバリエーション違いがある

170

高松～窪川間の急行列車。
1966年3月5日に登場し、
1990年11月21日に廃
止となった

高松～窪川間の急行列車。1966
年3月5日に登場し、1990年
11月21日に特急『あしずり』
に変更。当初は漢字表記の『足摺』
だったが、1968年10月1日に
平仮名に変更となった

高松～徳島間の急行列車。1968年10月1日に登場し、1988年に高松～牟岐に延伸したが、1990年11月に廃止となった

民営化前後から1枚タイプのマークが使用された。また、左にある以前タイプと比べると書体が変わっているのがわかる

高松～牟岐間の急行列車。1966年3月5日に登場し、1988年4月10日に廃止。『阿波』の牟岐線への延長を求められて設定さて、建設中の阿佐線が室戸を目指していたことから、『むろと』と命名されている

徳島～高知の急行列車。1966年3月5日に登場し、1999年3月13日に廃止。他列車との入れ違いがないからか、1枚板のヘッドマークのみ。名称の由来は、経路である徳島線・土讃線の沿線である吉野川から

丸形急行形

急行や準急列車は全国で多く走っていたが、それらのヘッドマークには丸のものが多い印象だ。ここでは区分けできなかった丸形を少しだけ紹介。

『安芸』は、東京〜広島を呉線経由で結んだ夜行寝台急行。通常、急行列車の牽引機にはヘッドマークは取り付けられないが、C59形やC62形といった大型の蒸気機関車が牽引した糸崎〜呉〜広島では晩年の2年間は異例のヘッドマークを取り付けて運転された。本州最後のC59、C62形牽引の急行列車。ヘッドマークには安芸の宮島が描かれた。列車名は『安芸』だが、ひらがなで『あき』と入れられている

金沢〜輪島・珠洲で運転されていたが、1972年3月改正からヘッドマークが取り付けられた。その後、能登有料道路開通などによる利用客減少や七尾線電化で減便を繰り返し2002年3月に廃止された。円形のヘッドマークには珠洲市にある見附島が描かれていた

1958年4月より、博多〜別府間を結んでいた臨時急行。定期準急化後の1960年には博多・門司港〜都城を走行。写真は急行へ戻った後の1963年のもので、ヘッドマークには差し込む光の筋が描かれている

1958年8月より準急化となった『ひかり』から、別府・大分を終起点にした『第2ひかり』が登場。ヘッドマークのベースデザインは一緒だが、文字は「第2ひかり」「HIKARI No.II」となっている

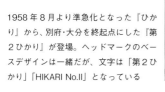

九州急行型

『急行くまがわ』は1966年3月5日より、門司港～人吉間を走行。沿線にある球磨川が、列車名となっている。1980年は博多～人吉間に変更。急行区間は熊本～人吉間に変更された。2004年には特急化したが、2016年に廃止になっている。ヘッドマークは人吉観光PRの一環で15種類ほど作られ、球磨川で見られる景色や、周辺の民芸などがモチーフとして描かれた

九州の急行列車も基本的には丸型のヘッドマークが多かった。ここでは、観光誘致の目的もあって非常にたくさんのバリエーションのあった『くまがわ』のヘッドマークをメインに紹介。ここで紹介したほかにも、まだまだあった。

椿の花と清流をモチーフにしたヘッドマーク。急行くまがわの特急化に伴い、同じデザインを使った『さようなら急行くまがわ』のヘッドマークも作られた

一時期は、博多～吉松・宮崎間を走行した急行だったが、1980年以降は熊本～宮崎間を結んでいた。2000年3月11日に廃止となった。名前の由来は霧島山のふもとに広がるえびの高原で、ヘッドマークにもそれが描かれている。手作りであるため、山や高原の形、急行の字の詰め具合など、いくつかバリエーションがある

1966年3月に登場した急行で、博多～熊本～別府間を運転した列車。のちに熊本～別府間のみの運用となった。阿蘇山をイメージしたヘッドマークとなっている

1966年、博多～日田～別府～門司港と、大分をぐるっと回る経路で登場した急行『由布』。のちに博多～日田～別府間運用となったほか特急となるが、その直前までつけていたヘッドマーク

シティ電車

1980年代初頭、地方都市圏では定期的な列車のダイヤが組まれておらず、客離れの傾向もあったことから、列車の増発による等間隔運転やパターンダイヤなどのフリークエントサービス導入を図ることとなった。こうして生まれたのが通称シティ電車で、『ひろしまCity電車』がその皮切りとなった。

広島地区の山陽本線広島〜岩国で導入された際に『ひろしまシティ電車』と名付けられ、丸形とCを組み合わせたデザインのヘッドマークが掲げられた

1987年に余剰となった郵便・荷物電車を改造したクモハ123形電車が登場し、可部線でもシティ電車が導入。『ひろしま City』と同じデザインのヘッドマークが掲げられた。なお可部線電化区間は全て広島市内にある

1985年に北陸で、419系とともに『TOWN とれいん』として導入。ハートや虹が描かれた柔らかいデザインのヘッドマークが掲げられた

民営化後にデザインが一新され、スマートな形に。これ以外にブルーの地色のヘッドマークもあった

1984年に北海道の札幌では『くる来る電車 ポプラ号』としてフリークエントサービスを導入。30分間隔で列車が来ることが由来の一つ。平原とポプラの木がデザインされた

静岡で1982年に導入されたのが『するがシャトル』で、興津～島田間を15分間隔でシャトル輸送した。ヘッドマークは富士山を模したようだ

1985年に高松～多度津間にて、急行＋快速を20分間隔で運行。民営化後に『サンシャトル』と命名されヘッドマークがつけられた。写真は1988年、111系のもの。オリーブと小豆島らしきものがデザインされている

大糸線は『あずみのエコー』。北アルプス
や安曇野の景観が描かれている

長野では1985年に、長野〜上田間などでフリー
クエントサービスを導入。『エコー電車』として
115系にヘッドマークが付けられた。デザインは
エコーの文字と赤と青の配色とシンプル

中央東線は『すわエコー』で、諏訪大社
と諏訪湖が描かれた

辰野〜塩尻間では、荷物車を改造して作られた
123系を専用のカラーに塗色し、『ミニエコー』
として運用。逆台形に文字だけのシンプルなヘッ
ドマークとなった

タウンシャトル

福岡で1984年から導入されたシティ電車。当初は『マイタウン電車』という名称だったが、民営化後に『タウンシャトル』と名称が変えられたほか、ヘッドマークデザインも一新。また地域によってデザインも大きく変えられた。

当初のヘッドマーク。貫通扉をぎりぎりはみ出すぐらいのサイズ。ひまわりと梅の花があしらわれている

裏返すと、このように真っ白になっている

民営化後に変更された愛称とデザイン。柑橘類と葉が描かれたものは長崎方面の列車に付けられていた

ドット模様と曲線の組合されたデザイン。福岡地区でつけられていたヘッドマーク

漫画家の富永一郎氏のイラストが描かれたヘッドマーク。富永氏の父の出身が大分ということから、大分エリアの列車に掲げられていた

快速列車

快速列車にも徐々にヘッドマークが付けられるようになり、全国各地で様々なものがみられるようになった。しっかり工業的に作られているものから、手作り感あふれるものまでさまざまです。

1984年に開催された小樽博覧会の輸送用として、札幌～小樽築港間を走った列車。ヘッドマークのデザインは、小樽博覧会のマスコットの『スリッピ』で、これが列車名にもなっている

かつて急行だった『なよろ』の名を継いだ快速列車で旭川～名寄を結んでいる。写真のヘッドマークは1992年9月のもので、キハ40形に付けられていた。シルキースノーと呼ばれる雪質を誇る地元を反映してか、スキーヤーの姿が描かれたデザイン

1997年から1998年の夏季に釧網本線の釧路～川湯温泉で運転された列車。車両はキハ40形を使用し、ヘッドマークには釧路湿原と自転車に乗った丹頂鶴が描かれている

1988年3月に新千歳空港が開港し、それに合わせて札幌〜千歳空港・苫小牧で快速『空港ライナー』が登場した。また同時に函館本線の小樽〜札幌で快速運転をする列車は快速『マリンライナー』と名付けられ、小樽発着で千歳線内も快速運転する列車は千歳空港に向かう列車でも『マリンライナー』として運転された

1992年7月1日に新千歳空港駅が開業し『空港ライナー』は快速『エアポート』と改称。ヘッドマークには、アルファベットの「Airport」の文字のほか、頭文字aとpを航空機の形にデザイン化したものが掲げられた

1988年7月1日より、札幌〜函館間に夜行快速列車が投入された。専用の気動車キハ27形500番代が製造され、フルリクライニングシートのある「ドリームカー」と、定員30名のじゅうたん敷き「カーペットカー」で構成されていた。ヘッドマークには、山脈と星がデザインされていた

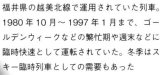

福井県の越美北線で運用されていた列車。
1980年10月〜1997年1月まで、ゴー
ルデンウィークなどの繁忙期や週末などに
臨時快速として運転されていた。冬季はス
キー臨時列車としての需要もあった

1987年7月18日〜9月28日に仙台港
で行われた『'87 未来の東北博覧会』の会
場アクセス用に運転された列車。博覧会会
場の近くを通る仙台臨海鉄道の貨物線に、
臨時駅として東北博覧会前駅を設置。JR
仙台駅から直通の列車として『東北博未来
号』と『SL東北100年号』が走った。こ
れは未来号のヘッドマーク

1986年〜1999年にかけて、
陸羽東線の小牛田〜新庄間で
走行していた快速。その後、
快速『ゆけむり』になった。
沿線に鳴子温泉があり、こけ
しでも有名。これらがヘッド
マークに描かれている、

1986年11月改正によって登場した列車。キハ22形200番代が3両、
うとう色に塗り替えられ、専用のヘッドマークを掲げて青森〜浅虫温
泉間を走行。「うとう」とはウミスズメ科の海鳥の名称。青森市内にあ
る航海安全の神社である善知鳥（うとう）神社が列車名の由来だそう。
ヘッドマークに描かれている鳥がうとう

1968 年～ 1995 年まで夏季の小浜線沿線の海水浴臨時列車として、名古屋～若狭高浜・東舞鶴で運転された急行。エメラルドの海と入道雲が描かれた夏らしい大型のヘッドマークだった

1986 年 7 月～ 8 月に小海線の清里・野辺山～小海・中込で運転された快速。変わった編成をしており、客車 1 両を挟む形で、トロッコ車となった車掌車のヨ 8000 形が 5 両連結されていた。ヘッドマークは機関車側とヨ 8000 形の両方に取り付けられていた

福知山鉄道管理局では、団体用の客車を『いこい』（スハフ 12 形 700 代）1 両で気動車に挟んだり、客車列車に連結して運用しいたが、その時に付けられたヘッドマーク。1989 年に『セイシェル』に改造された

因美線のキハ 47 には、1987 年ごろからしばらく、正面にうさぎのヘッドマーク、車体側面に花笠の描かれた車両が運用されていた。特に列車名の設定などはなかった

境線のキハ 40 形では、1988 年ごろからしばらく、正面に魚のヘッドマーク、車体側面に魚、ヨット、イノシシの描かれた車両が運用されていた。『さかな列車』という名称が付けられていた

185

米子〜益田の快速『しまねライナー』は、山陰本線の急行を格下げする形で1985年3月に登場し、1997年に快速『石見ライナー』に改称されるまで運転された。キハ58の運転助手席側にヘッドマークが取り付けられていた

広島東洋カープの地元である広島では、試合終了後に列車が非常に混雑することから、臨時列車の『赤ヘル号』を国鉄時代から運転している。列車にはカープ坊やが描かれたヘッドマークが掲げられていた

1988年4月の瀬戸大橋開業で、それまでの宇高連絡船に代わり登場した岡山〜高松間の快速列車。瀬戸大橋とかもめが描かれたヘッドマークが取り付けられていたが、後に外されて運行されるようになった

2002年3月から予讃線高松〜坂出間で快速運転をしている四国島内行きの列車にこの愛称名がつけられ、宇多津駅などで特急南風と連絡する列車は『サンポート南風リレー号』という愛称で運行される。またサンポートとは高松駅周辺の再開発エリア『サンポート高松』から名付けられている

1987年の民営化直後、日南線には宮崎〜志布志に『日南マリン号』という快速が走っていた。この列車は9月1日から『なんごう』と名を変え、12月1日からは『北郷温泉号』となった。さらに春頃には『都井岬号』に再度変更、その数ヶ月後に現在の『日南マリーン号』に落ち着いた

1985年に長崎機関区がキハ28形を独自に改造したカーペット敷き気動車。運転時は長崎くんちの龍踊りが描かれたヘッドマークが掲げられたが、1年半ほどしか活躍しなかった

1996年から人吉〜吉松を走るキハ31形簡易改造車で、下りが『いざぶろう』上りが『しんぺい』。しんぺいは、この区間開業時の鉄道院総裁であった後藤新平のことで、いさぶろうは当時の逓信大臣 山縣伊三郎。それぞれ第一矢岳隧道の扁額を揮毫し、列車はその扁額に向かって走っているため、上下で愛称名が異なる。ヘッドマークは、後藤新平が揮毫した「引重致遠」の扁額がある第一矢岳隧道の吉松方を描いたもの

ムーンライト

1985年に全通した関越道を走る夜行バスに対抗すべく、夜行快速列車として『ムーンライト』が登場した。後に夜行快速列車の愛称として、さまざまな列車に使われることとなった。

1986年〜2014年まで、新宿〜新潟・村上で運転されていた夜行快速列車。『ムーンライト』と名のつく最初の列車で、1996年に『ムーンライトえちご』に改称された。ヘッドマークは数種類用意され、専用に改造された165系に取り付けられた

1989年から2009年まで多客期を中心に、京都〜高知で運転された臨時夜行快速列車。三日月と星の描かれたヘッドマークは、岡山〜高知で機関車に取り付けられていた

中央快速

　中央線快速には様々な種類の列車が設定されている、また、中央線に使われた 101 系や 201 系には、ヘッドマークを付けるスペースも確保されていた。

201 系のヘッドマーク表示。車両前面にパネルを入れて固定できるようになっている

こちらも 201 系だが、先ほどのような固定具はなく、車両本体に固定する形だ

東京～御岳間を結ぶ『みたけ』。1980 年当時は、休日の臨時快速にビバ・ホリデーという名称が設定されていた

土日休日などに設定される臨時快速がホリデー快速。『あきがわ』は、東京・新宿～武蔵五日市を走行。デザインは、秋川と跳ねる魚。写真は 1998 年のもの

こちらも『あきがわ』だが、1980 年。ホリデー快速は設定されておらず、特別快速だ。絵柄は、山間を流れる秋川となっていた

高尾～相模湖間のみの臨時快速。相模湖がデザイン化されていた

新宿～奥多摩を結ぶ『おくたま』。1985 年当時のヘッドマークは、奥多摩湖に架かる深山橋が描かれていた

シュプール

国鉄・JRのスキー専用列車で、都市部からスキー場の最寄り駅までを輸送する列車。民営化後も継続されていたが、利用客の減少が続き、2005年度で終了となった。

関西エリアと北アルプスを結んだのが『シュプール白馬・栂池』。これはキハ181系のヘッドマーク。写真は1989年のもののため、雪だるまの胸にJRマークが入っている

こちらも同じく『シュプール白馬・栂池』だが、DE10に付けられていたヘッドマーク

欧風客車『ユーロライナー』を利用しての『シュプールユーロ赤倉』。デビューは、1987年1月11日。写真は1月31日のもの。雪上を滑るスキーヤーが赤いシルエットで描かれている。名古屋〜妙高高原を結んだ

トンネル、橋関連

1988年3月13日に青函トンネルが開業。同じく4月10日に瀬戸大橋が開業。海で隔てられていた鉄路が、それぞれ陸でつながったタイミングでもある。

これらの開業に関連して走った列車のヘッドマークと、海底トンネルに関連したヘッドマークを紹介。

本州と北海道を結ぶ青函トンネルは、貫通後の1987年に初の試運転列車が走行。10月からは、翌年3月の開業まで半年近くに渡って訓練運転がおこなわれた。その際に、ED79形に『津軽海峡線訓練運転』のヘッドマークが掲げられた

1984年8月22〜23日に運転された『貨物線海底トンネル号』は、汐留〜湘南貨物〜品川を貨物線ばかり使って走る東京南局が企画した団体列車。その中でも東京貨物ターミナル〜川崎貨物では、羽田トンネルという東海道貨物線の海底トンネルがあり、そこを走ることから名付けられた。客車の両端に機関車を連結したプッシュプル方式で運転され、2日間で3つのマークを取り付けて運転された。

瀬戸大橋を含む本四備讃線は1988年1月に線路が繋がり、2月半ば頃から開業まで2ヶ月間に渡って本格的な試運転が行われた。その際にPRのため、瀬戸大橋と桃太郎を描いたヘッドマークを取り付けて運転された

修学旅行電車

東京や京阪神の中学生の修学旅行用として、専用車両155系が製造された。通常の車両と異なり、洗面所や水飲み場、車内放送用テープレコーダや、電池時計などが搭載されていた。

1959年4月20日に『ひので』と『きぼう』がデビュー。東京用が『ひので』、大阪用が『きぼう』とされた。以降これをモデルケースとして、『わかくさ』『わかば』『こまどり』『わこうど』などが登場した。

東京用の『ひので』のヘッドマーク。左右に広く天地に狭い形で、ストライプ上のウィングとなっていた

大阪用の『きぼう』。デザインは当然ながら一緒だ

167系による修学旅行電車。ヘッドマークは、他と大きく異なり丸タイプになっている

1966年の『こまどり』。155系による修学旅行電車

　こちらはキハ58系による修学旅行列車。ヘッドマークは左右に広い形ではあるもののデザインが大きく異なる

行先表示

　行先方向幕がまだ設置されていない時代に、列車の行き先や種別を知らせるために列車行先札と呼ばれる板状のものを使用していた。

上から差し込んで交換するタイプでは掴み易いように、持ち手部分が空いていた。なお武蔵野競技場前駅は三鷹から延びた支線にあった駅で、武蔵野グリーンパーク野球場の最寄り駅として 1951 年～ 1959 年に営業していた。

飯田線豊橋駅に停車中のクモハ 52 形は、豊橋駅の飯田線ホームが頭端式のため前面の行先札には通常の行先表示以外に発車時刻も掲示されている

方向幕が設置しされた車両が徐々に増え、前面行先札を使う車両は旧型電車の引退と共に徐々に減っていった。その中でも鶴見線や南武支線は遅くまで使われていた

1980 年頃までの吾妻線の普通列車では、上から差し込むタイプの前面行先札が使われた。また交換が少なくて済むように往復する列車では両矢印で表示するものもあった

193

客車のテール

おもに 20 系客車では、テールの部分のパネルが入れ替えられるようになっており、当初は文字だけだったものが次第に絵入りのものが作られるようになった。

大阪～青森間を結んだ臨時寝台急行『あおもり』。当初は文字の表示だったが、絵入りのものに変わった

急行『かいもん』は門司港～西鹿児島間を熊本まわりで走行。開聞岳がモチーフ

品川～博多間を結んだ臨時急行『玄界』。玄界灘だろうか、荒波が描かれている

門司港～西鹿児島を結んだ夜行急行。宮崎を通るからかヤシの木のデザイン

東京～大阪間の夜行急行。テールマークのデザインもそのまま銀河だ

12 系客車。20 系とは異なり、角の取れた長方形のテールが後付けでついた。大阪～長野間を走った急行

急行表示のもの。特に絵柄が設定されず、このまま走行したパターンも多い

記念列車

なんだか気になる文字が浮かぶ、記念列車もの。そんなヘッドマークをちょっとだけ集めてみました。

急行・快速・普通

横浜開港120周年を記念して、1980年6月13〜15日に蒸気機関車のC58形1号機が『横浜開港120周年号』として東横浜〜山下埠頭をそれぞれ3往復運転。その際に付けられていたのがこのヘッドマークで、かもめがデザインされた。走行した区間は現在、みなとみらい21の汽車道〜赤レンガ倉庫〜山下臨港線プロムナード〜山下公園のあたりとなっている

当時行われていた、国鉄全線約20000kmの完乗を目的とした『いい旅チャレンジ20000km』というキャンペーンの一環で、1984年3月30日に運転された団体列車『いい旅チャレンジ20000km貨物線ミステリー号』。品川〜茅ヶ崎〜横浜羽沢〜武蔵野操車場〜上野で運転され、牽引機にはこのヘッドマークが掲げられた。

磐越西線の中山宿は、急勾配を列車が上るためのスイッチバックがある駅として有名だったが、車両技術の向上もあり1997年にスイッチバックが廃止されることになった。このため、3月15、16、20日に『さよならスイッチバック号』が会津若松〜郡山間で運転。12系客車を牽いたED75形にスイッチバックを模したヘッドマークが付けられた

EF15の引退を控えた1983年、この機関車で中央東線のスイッチバックを体験する『EF15スイッチバックの旅』が行われた。第1回は6月26日、第2回は11月23日、第3回は少し間が空いて1985年3月3日。それぞれEF15単体、重連、三重連と回数が増えるごとに機関車の数が増えた

民営化後の山手線

慣れ親しんだ「国鉄」の呼び名から、「JR」へと変わる 1987 年。これまで「国電」と呼んでいた電車も別の呼び名に……ということで、東京圏では、新たに「E 電」という呼び名を浸透させようとプロモーションを行うことに……しかし定着はしなかった。

中央線 201 系に付けられていた『こんにちは E 電』のヘッドマーク。写真は 1987 年 5 月のもの

民営化直後の 4 月 11 〜 12 日に、JR 東日本誕生記念の一環として山手線で走行した 5 色混色列車が『おもしろ電車』。2 編成用意され、2 両ごとに別の色が塗られた 103 系で組成された

山手線に付けられていたヘッドマーク。七夕を象ったデザインで、詳しくは不明だが何かしらのキャンペーンだった模様。これは 1987 年 8 月のもの

こちらも山手線205系に付けられていたヘッドマーク。人気の上野動物園のパンダにあやかったのかは定かではないが、「E電」を押していた。1987年5月

こちらもクリーンアップで、同じく8月の山手線。笹を食んでいるパンダの絵に変わった

民営化から1年後。山手線に付けられていたヘッドマークは、200系新幹線を模したキャラクターのよう。JR東日本の1周年記念ヘッドマークが飾られていた

青函連絡船

本州と北海道を結んでいた、青函連絡船。線路ではないが、国鉄・JR の路線だ。1908 年 3 月 7 日、青森〜函館間を比羅夫丸が就航し、以来、1988 年 3 月 13 日まで 80 年、生活を繋いだ路線だった。

多くの連絡船が就航していたが、シンボルマークが出来たのは 1978 年。就航 70 周年で、乗務員からアイデアを募集し、当時就航していた 13 隻の客船に取り付けられた。

大雪丸

羊蹄丸

十和田丸

八甲田丸   摩周丸

石狩丸

急行・快速・普通

199

貨物列車

ヘッドマークは旅客だけではない。貨物列車にも様々なマークが付けられている。

主に民営化後のものになってしまうが、気になるものをピックアップした。

1986年11月に高速貨物列車のうち最高速度が110km/hまたは100km/hで運転される列車のことを「スーパーライナー」と名付けた。そのうち一部列車ではヘッドマーク取り付け指定列車があった。本州のEF66のみならず、九州のEF81でも取り付けて運転された

ピギーバックとは、貨車にトラックをそのまま載せて鉄道で運ぶ輸送。1960年代から研究が進められ、本格的な試作車として1983年にチサ9000形がつくられた。これに実際にトラックを載せて貨物列車に連結して走らせるなど試験がおこなわれ、1986年11月より新たに作られたクム80000形やクム1000系といった貨車で実用化された。写真のマークは試作車のチサ9000形の車体側面に設置されていたもので、これ以外の車両には設置されていない

佐川急便のロゴをヘッドマークにした貨物列車。これは、最高速度130km／hで走行するコンテナ電車『スーパーレールカーゴ』で、2004年3月から東京貨物ターミナル〜大阪の安治川口を約6時間で結んでいる。佐川急便の貸切運行のため、このようなロゴがついた。当初はヘッドマークが掲げられていたが、2010年頃からは徐々にステッカーを貼り付けたものに変わっていった

三井海上火災保険と、そのイメージキャラクターとなった鉄腕アトムが描かれているヘッドマーク。2007年に公開されたものだが、詳細は不明

スーパーグリーン・シャトル列車とは、10tトラックと同じ大きさの31ftコンテナを積んだコンテナ貨物列車。2006年から運転がはじまっており、東京貨物ターミナル〜大阪の安治川口を約7時間で結んでいる。ヘッドマークは東京貨物ターミナル駅で行われた出発式で取り付けられたもので、「みどり号」の通称もある

2004年4月にEF65形500代として最後の全般検査を受けていた高崎機関区のEF65形535号機が大宮車両所を出場したことを記念して、寝台特急『さくら』の絵柄をアレンジしたヘッドマークが作られ、イベントなどでも取り付けられた

ブルートレイン時代の
九州ヘッドマーク制作秘話

さまざまなバリエーションのあるヘッドマークだが、実際どこでどのように作られていたのかというと、まとまった詳しい資料はない。主だった機関区（車両基地）内で作られていたり、そこから外部に委託していた場合などもあるようだ。また、時期や、どんな種類の列車に使われるのかでも変わってくるようだ。ここでは1980年代から国鉄民営化後しばらくまで、北九州の小倉工場でヘッドマークを制作していた玉井明人氏に、当時の話を伺った。

JR九州エンジニアリング
小倉車両事業所 車体G 車体課 鉄鋼組副主任
玉井明人 氏

1975年に国鉄入社。SLを扱う製缶職場（後に鉄鋼職場）に配属以降、車両制作や改造ほか金属加工を専門に行う。EL・DL班で機関車関連を主に手掛けるほか、SL8620形の検査修繕に一貫して携わり、主にボイラー周辺を担当。

小倉工場・鉄鋼職場

『SL人吉』で知られる、日本最古の蒸気機関車8620形。これの再生から管理・メンテナンスに携わるエンジニアとして有名な玉井明人氏は、国鉄入社から10年も経っていない20代のころ、所属していた小倉工場の鉄鋼職場でヘッドマークの制作を手掛けていた。

国鉄では1985年の3月より、全国のブルートレインにヘッドマークを取り付けることになった。門司機関区ではそれに先立つ1984年2月からヘッドマークを取り付けるのだが、このために小倉工場では1983年ごろからヘッドマークの制作が始まった。その際、一番最初から制作を手掛けたのが玉井氏だ。

玉井氏が所属していた鉄鋼職場とは、金属加工全般を扱っていた部署だ。車両そのものの制作から内装、車両の改造や、機関車へのステーの取り付けなど幅広く行っていた。

「金属加工は基礎工程なんです。だからしっかり作らないと次工程の人が困る。きちっとした品物を作る使命感といいますか。肝に銘じてやっていました」

そうした様々な仕事の一つとしてヘッドマーク制作があった。

九州タイプのヘッドマークは、お椀のような凸型が特徴だ。そもそも九州だけがなぜこの形状なのか理由は定かではないが、蒸気機関車時代からのこの形状を継承した。ただし古いものはお椀の深さがまちまちだったが、玉井氏ら鉄鋼職場で手掛けて以降はゲージを作り、同じ深さの曲面になるようにした。各ヘッドマークの図面は、現場が手にする段階で、すでにお椀型になっており、本社の太鼓型図面がどの段階で変更されたかは定かではないそうだ。

ヘッドマーク制作の工程は、主に以下のようになって

1984年2月の門司機関区で行われたヘッドマークのお披露目。玉井氏らが制作したヘッドマークがこの時、初公開された

いた。

・ベースとなるお椀形状の作成
・取付金具の溶接
・ベース塗装
・文字や図柄の切り出しと取り付け
・仕上げ塗装

「最初に厚さ1.6mmか1.3mmの鋼板を円形に切り抜きます。仕上がり寸が直径670mmでしたので、縁の部分も考慮して少し大きめに切っていたと思います。中心には6mmの穴を開けておきます。それを1tプレスで円の中心から外側に向けて、微妙に下死点を調整しながら少しづつ押して曲げていくんです。大きな型があって一気に出来上がるわけではなくて、少しずつ同心円状に力を加えて曲げて作ります。中心から外側まで行ったら、今度は周りから中心に向けてプレスしていきます。アール（曲線）を確認するための治具をあててしっかり形状ができているかを確認してから、次の工程に入ります」

次に行うのは縁の作成。中心の穴を型に差し込み、木ハンマーで叩いて曲げて縁を形作る。縁の寸法は幅10～15mmで、それを計算して最初から大きめに鉄板が切り

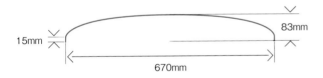

九州型ヘッドマークの基本的な寸法。直径が670mmで、厚さは83mm、縁の部分が15mmだ

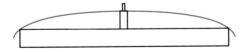

縁の部分を作るための型のイメージ。センターの6mmの穴をガイドにかぶせ、縁を折って形づくる

ヘッドマーク裏側に溶接されている掛け金具。6mmの棒で補強されている

抜かれている。

その後、裏面にヘッドマーク掛け金具を溶接し、補強のため6mmの棒を3本溶接する。さらに中心に空けていた6mmの穴を溶接でふさぐ。

ここまでやったところでいったん鉄鋼職場の手を離れ、塗装職場へ移る。そこで錆止め、パテが塗られたのち、サフェイサーが吹かれて表面を研がれる。

「綺麗にプレスしてありますが、微妙な凹凸がある可能性を考えてです。パテといってもそんなに厚くは盛らずに薄くかける程度。そのあと下地の塗装です」

ベースカラーが塗られたヘッドマークは、ここで再び鉄鋼職場へ戻され、文字や図柄の取り付けとなる。担当したのは、鉄鋼職場内の薄板作業場と呼ばれていた手仕上げ作業場だ。

今度は3mm厚のアルミが使われる。これは錆を出さないためだ。図面で用意された図柄をコピーして貼り付け、糸ノコやバイブルシェアという機械で切りぬく。図柄によっては大変ではと聞くと、

「切る人によって偏りはありましたね。当時はみんな20代の若いメンバーでやっていましたから。もちろん許容範囲はありますよ（笑)」

こうして切りぬかれた文字や図柄は、皿鋲で土台に組みつけられる。

「まず穴を開けて、鋲の頭が飛び出ないように皿錐で窪みを入れます。それをヘッドマークの土台に通したら、裏側からハンマーで鋲の先を叩いてつぶして固定するんです。自分たちが小倉工場で作ったものは、基本的にこの形になっています」

この後再び塗装職場へ。皿鋲をはめた場所がわからな

ヘッドマークの制作に使われていた1tプレス機。まだまだ現役。フットペタルの3のスイッチは、押し下げ（速)／押し下げ（標準)／上げ

取材時にプレス機についていた金具は、ヘッドマークを作っていた当時に使われていたもの。こちらは直角に曲げるための金具だが、刃の部分はレールを再利用したものだとか。レールの下の部分を切って根元に溶接。レールの上面の部分は機械加工でV字になっている。当時はこうした金型も手作りしていた

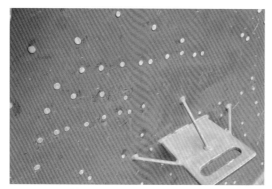

ヘッドマークの裏側。文字などを組みつけるため皿鋲を叩いてつぶしている。玉井さんたちが手掛けたのはこのタイプ。赤い色は、錆び止め。いつも現場で使っていた錆び止めの色だとか

いように、パテで埋めて塗装が行われようやく完成となるのだ。

物作りの楽しさ

当時使っていたプレス機が現存しているというので、見せていただいた。縦横高さそれぞれ2mほどの機械だ。昭和55年（1980年）製造の機械だが、まだ現役で稼働している。メインとしての使用ではなく予備機だが、SLの検修用として使われ、ブッシュ抜きや部品の細かな加工など、コンピュータ制御のプレス機では行いにくい作業用だ。

現在では失われてしまったが、プレスの上の部分に直径20cmほどの凸型のお椀の上型を置き、下の部分にはリング状の台座が置かれてヘッドマークの制作が行われた。作業は、フットペタルを踏んで鉄板をプレスし、少しずつ回して形成するというもの。と書くと簡単そうだが、フットペタルは、押しと上げは別々のスイッチで行う。また1tプレスなので、押し／上げそれぞれに時間がかかる。つまり重い鉄板を支えながら少しずつ回し、足でスイッチをひたすら押していく作業を何百回と繰り返すのだ。現場で見るとよくわかるが、想像以上に重労働だ。

「一番最初は、鉄板にコンパスで同心円状に目安になるケガキ線を入れて、それを見ながら均等になるように作業していました。慣れてきたらケガキは入れませんでしたね。ある一定のストロークで進めるんですが、注意しないとひずみます。だから作るのにすごく時間がかかりました。最初は1日2個で、そのうちに4個作れるようになりましたが、慌てて作るとどうしてもいい品物ができないので、2～3枚のペースがベストでした」

慣れたら1時間半ぐらいで1枚作れるということだが、さすがにこの作業を連続で行うのは厳しい。1日2～3枚が限界というのもよく分かる。

そうして作ってきたヘッドマークの数は、とてもカウントできないほど大量だったそうだ。

かつてヘッドマークを制作していた鉄鋼職場があった赤レンガ庫。現在では多目的作業場となっており、SL人吉の検修場としても使われている

そもそも機関車が好きだという玉井氏は、そこに取り付けるためのヘッドマークの制作を楽しんでいたという。

「もの作るのが楽しいから一生懸命やっていたし、勉強になりました。自分の携わったものが現車について、走っていろんな人に喜んでもらったらうれしいなと。そういう気持ちで仕事をやっていましたね。それは今も変わらないんですけど。ヘッドマークは今でも作れますが、作ったところで付けられる車両がないんですよね。SL人吉のヘッドマークをお椀型で作ってみたかったですね」

玉井氏が手掛けた国鉄民営化時のJR九州のヘッドマーク。東京駅発で本州を走るEF65のステーの寸法を調べるために、下関運転所まで採寸に行った。旗を立てるために、ヘッドマークの裏側にはパイプが取り付けられている。祝という字は、4.5mmか6mmの鋼板に字を書いてガス溶接機で切り抜いて、組みつけた。当初は鉄板に祝の字を書く予定だったが、かっこよくなかったので切りぬいたとか

こんにちはさようなら

さよなら 宮田線

平成 1.12.22　直方気動車区

惜別ヘッドマーク

道北の、中湧別〜網走を結んでいた湧網線が1987年3月20日に廃止。沿線のハマナスやカニがモチーフとして描かれている

道東の、池田〜北見を結んでいた路線。1989年6月4日に北海道ちほく高原鉄道に転換。生産量日本一の玉ねぎや、収穫量一位の小麦モチーフのもの、引き継ぐふるさと銀河線の紹介のものもあった

国鉄民営化前後に廃止となった路線や、第3セクターへ転換された路線など、お別れの際に走った惜別列車のヘッドマークを集めてみました。それぞれ地域の特色が出ているものが多く、凝っています。

道北の、深川〜名寄を結んでいた路線。1995年9月4日に廃止。沿線の白樺の森がモチーフ

道央の伊達紋別〜倶知安を南北に結んでいた路線。1986年11月1日に廃止。路線図がモチーフとなっている

道央の岩見沢〜幌内を結んでいた路線。幌内炭鉱からの石炭輸送のため、北海道で初めて敷設された鉄道で、ヘッドマークには当時の機関車がモチーフとなったものや、沿線の博物館の恐竜展示などがモチーフとなったものがある。1987年7月13日廃止

苫小牧の先、鵡川～日高町を結んでいた路線で、民営化前の1986年11月1日に廃止となった。付近にはサラブレッドの牧場が多かったためか、日高山脈と馬が描かれている

帯広～広尾を結んでいた路線で、民営化直前の1987年2月2日で廃止となった。SLのさよなら運転や、幸福駅や愛国駅などで有名だったことなど!!から、SLを模したものやキューピッドのデザインのヘッドマークが作られた

帯広～十勝三股を結んでいた路線で、現在はダム湖に沈むタウシュベツ川橋梁などで有名。民営化直前の3月23日で廃止。基本デザインは一緒だが、日付や列車名違い、最終列車に付けられるヘッドマークなど様々なバリエーションが作られた

道南の国縫～瀬棚を結んでいた路線で、瀬棚港から奥尻島へのアクセスにも使われていた。民営化直前の1987年3月15日に廃止。描かれているのは、瀬棚港近くにある三本杉岩

北海道南端の白神岬をショートカットするように、木古内～松前を結んでいた路線。民営化翌年の2月1日をもって廃線となった

青森県の下北半島、まさかりの根のあたりを下北〜大畑を縦断するように走っていた路線。1985年7月1日に下北交通に転換される際のヘッドマーク。下北駅のある大湊湾はオオハクチョウが飛来することで有名

鷹ノ巣〜比立内まで、秋田県の中央を縦断していた路線で、1986年11月1日より第3セクターの秋田内陸縦貫鉄道に転換。阿仁合あたりはマタギでも有名なことからか、クマが描かれている

秋田県南部日本海側から鳥海山に向かって伸びるように、羽後本荘〜羽後矢島間を結んでいた路線で、1985年10月1日に由利高原鉄道に転換

秋田県南部の角館〜松葉まで南北に走っていた路線で、1986年11月1日より第3セクターの秋田内陸縦貫鉄道に転換。転換後は、比立内〜松葉間を1989年に開通し、鷹巣〜角館を縦貫している

新潟県北部の新発田〜東赤谷を結んでいた路線。1984年4月1日に廃止となった。車両によって異なるヘッドマークが掲げられた

山形県南部の赤湯〜長井間を結んでいたが、1988年10月25日に山形鉄道に転換している

宮城県南部の槻木〜丸森間を阿武隈川に沿って南下するように結んでいたが、1986年7月1日に阿武隈急行に転換。2年後の1988年7月1日に丸森〜福島間が開業し、宮城県と福島県をつなぐ路線となっている

福島県の西若松〜会津滝ノ原間を南北に走っていた路線だが、1987年7月16日に会津鉄道に転換。絵柄は西若松最寄りの若松城と、会津盆地に群生するヒメサユリ

栃木県の足尾銅山用に敷設された路線で、桐生〜間藤間が1989年3月29日にわたらせ渓谷鐵道に転換。ヘッドマークも複数のものが作られた

栃木県と茨城県を結ぶ下館〜茂木間を走る路線だが1988年4月11日に真岡鐵道へ転換。筑波山と路線図が描かれていた

神奈川県を走る相模線のうち、寒川〜西寒川を結んだ支線が1984年3月31日に廃止。キハ30形のテールライトあたりに小さく取り付けられていた

千葉県の房総半島東部を東西に走る大原〜上総中野間の路線。1988年3月24日にいすみ鉄道に転換。沿線の大多喜城や地元産のタケノコ、動輪などが描かれたヘッドマークなど複数のデザインが作られた

静岡県南西部の浜名湖を巡るように掛川〜新所原を結んだ路線。民営化直前の1987年3月15日に天竜浜名湖鉄道へ転換した

59.10.5
樽見線
さよなら
名古屋鉄道管理局
╳ 垣 電 車 ◁

岐阜県南部の美濃太田〜北濃駅間を長良川に沿うように走る路線で、1986年12月11日に長良川鉄道に転換。山々と長良川をベースに、沿線の郡上おどりや、ミズバショウが描かれた

さようなら
越美南線
'86.12.10

岐阜県の南西部を南北に結ぶ大垣〜神海間の路線。1984年10月6日に樽見鉄道に転換。翌年3月25日には樽見まで延伸開業している

岐阜県南東部の恵那〜明智間を南北に結ぶ路線で、1985年11月16日に明知鉄道へ転換。沿線の白鷹城や、恵那山などが描かれた

富山県の猪谷〜岐阜県の神岡間を結んでいた路線。1984年10月1日に神岡鉄道に転換した。その後、2006年12月1日に全線廃止となっている

三重県東部の河原田〜津を南北に結ぶ路線で、1987年3月27日に伊勢鉄道に転換。ヘッドマークはシンプルだが、しっかりと金属で作られている

サヨナラ
穴水　蛸島
88.3.24
JR能登線
JR西日本 金沢支社

石川県の能登半島北東部にある穴水〜蛸島間を結んでいた路線。1988年3月25日にのと鉄道に転換された。ヘッドマークは能登半島と路線図。その後、2005年4月1日に全線廃止となっている

滋賀県南部の貴生川～信楽を南北に結ぶ路線で、1987年4月1日に信楽高原鐡道へ転換。ヘッドマークの図柄は信楽焼で有名な狸の置物と、それをデザイン化したもの

兵庫県南部の加古川～高砂間を結んでいた路線で、1984年12月1日に廃止となった。ヘッドマークは動輪と急行のウィング形状を模したものとなっている

兵庫県南部の厄神～三木間を東西に結んでいた路線。1985年4月1日に三木鉄道に転換。2008年4月1日に全線廃止となった。ヘッドマークは高砂線のものとシルエットが同じだ

兵庫県南部の粟生～北条町を結ぶ路線。1985年4月1日に北条鉄道に転換。ヘッドマークのシルエットは近隣の高砂線、三木線と同じだ

徳島県北東部の中田～小松島間を結んでいた路線で、小松島港へのアクセスに使われていた。1985年3月14日に廃止。ヘッドマークは臨時列車『さよなら小松島線』のもの

鳥取県東部の郡家～若桜を結ぶ路線で、1987年10月14日に若桜鉄道に転換。最終日の『さよならJR若桜線』では、マイテ49を連結した列車が走り、ヘッドマークとテールマークが付けられた

島根県の出雲大社の近く、出雲市～大社間を結んでいた路線。1990年4月1日に廃止となった。出雲大社をモチーフにしたヘッドマークが掲げられた

山口県東端の錦川沿いを走る岩国～錦町間の路線で、1987年7月25日に錦川鉄道に転換。最終日に走った『さようなら岩日線 神楽号』のヘッドマーク。地元に根付く八岐大蛇の神楽や、錦帯橋、鮎がモチーフ

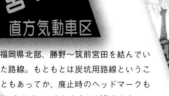

福岡県北部、中間〜香月を結んでいた路線。1985年4月1日に廃線となった。沿線の桜や蓮の花などがモチーフとなっている

福岡県北部、勝野〜筑前宮田を結んでいた路線。もともとは炭坑用路線ということもあってか、廃止時のヘッドマークもSLをモチーフとしたものが作られた

福岡県北部、遠賀川〜室木間を結んでいた路線で、1985年4月1日に廃線となった。当時走行していたキハ58を描いている

福岡県南部の羽犬塚〜黒木を東西に結んでいた路線。1985年4月1日で廃止となった。とてもシンプルなヘッドマークが、最終日近くに付けられた

福岡県の中央寄りに位置する下鴨生〜下山田を結んでいた路線。炭坑用路線がスタートだったため、石炭を運ぶ貨物列車と、当時走っていたキハ58が描かれている

福岡県の中央寄りに位置する飯塚〜豊前川崎を結んでいた路線。1988年9月1日に廃止となった。ヘッドマークには周囲の山々が描かれている

福岡県南部と佐賀県東部を結ぶ路線で、基山〜甘木間を東西に走る。1986年4月1日に甘木鉄道に転換。最終日には、沿線の模様をベニヤ板に描いたヘッドマークが掲げられた

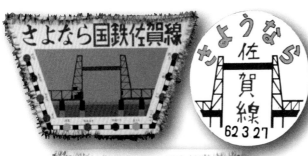

福岡県南部と佐賀県を結んだ路線で、佐賀〜瀬高間を走行した。途中にある筑後川を渡る鉄道橋『筑後川昇開橋』が有名で、現在は国指定重要文化財。これをモチーフにしたヘッドマークや、沿線の柳川の風景が描かれた

佐賀県と長崎県を結ぶ路線で、有田〜佐世保を松浦半島を巡るように走行する。1988年4月1日に松浦鉄道に転換。ヘッドマークは松浦沖の様子

熊本県の阿蘇山のふもと、立野〜高森間を結ぶ路線で、1986年4月1日に南阿蘇鉄道に転換。阿蘇山やハルリンドウが描かれている

大分県西部と熊本県北部を結んだ路線で、恵良〜肥後小国間を走行。1984年12月1日で廃止。宮原隧道や串野トンネル、九重周辺の温泉などがモチーフになっている

宮崎県北部、五ヶ瀬川沿線の延岡〜高千穂を結んでいた路線。1989年4月28日に高千穂鉄道に転換。高千穂橋梁をモチーフとしたヘッドマークが掲げられた。後に台風災害からの復旧がならず、2008年12月28日に廃止された

宮崎県東部の佐土原〜杉安間を結んでいた路線。1984年12月1日に廃止。馬の埴輪がモチーフとなっている

熊本県南端の水俣〜鹿児島県北部の栗野間を結んでいた路線。1988年2月1日に廃止。沿線にある温泉や山々がモチーフ。また、地元の印刷所の名前が入ったものも

鹿児島県東部の志布志〜国分間を結んでいた路線。民営化前の1987年3月14日に廃止。当時走行していたキハ58が描かれている

宮崎県南部の西都城〜鹿児島県東部の志布志を南北に結んでいた路線。民営化直前の1987年3月28日に廃止。路線図やキハ58のほか、特産の榊があらわされている

さようならSL

1970 年代。地方に残っていた蒸気機関車が、電気や
ディーゼル機関車、電車や気動車に置き換えられ各
地の路線から姿を消していった。その際に掲げられ
たヘッドマークを集めてみました。

1971 年 3 月 31 日、二
俣線で走行していた C58
が引退。それに伴い『SL
さよなら二俣線』のヘッ
ドマークと国旗が掲げら
れた。下は同じく二俣線
だが、ヘッドマークは鉄
道友の会によるもの

1973 年 7 月 9 日に、中央西線の中津川〜木曽福島間の電化に伴い、さ
ようなら列車が走行。扇子を模した大型のヘッドマークが目を引く

呉線の電化に伴い、糸崎
機関区の蒸気機関車運用
がすべて終わることに。
1970 年 9 月 30 日に最
後の蒸気機関 C59 が急行
『あき』として走行。「ご
くろうさん蒸気機関車」
と書かれたマークも掲げ
られた

只見線の小出〜大白川では、
1971 年 11 月 3 日をもっ
て蒸気機関車の運行が終了。
このヘッドマークは C11 に
つけられたもの

呉線の電化に伴い中国地方
から C62 が引退に。1970
年 8 月に走った『さような
ら C62』のヘッドマークで、
動輪がデザインされていた

足尾線では 1970 年 10 月 4 日に
蒸気機関車の運行が終了。ヘッド
マークには SL のシルエットが描
かれていた

国鉄の蒸気機関車による最後の定期旅
客列車が、1975 年 12 月 14 日に走行。
室蘭から岩見沢へ走った C57 に掲げら
れたヘッドマーク

さようなら碓氷峠

信越本線の横川〜軽井沢間にあった急勾配で、碓氷峠を貫くように通された鉄道の難所で、通称碓氷線。これをクリアするために歯車をレールにかませるアプト式などのさまざまなアプローチが行われ、最終的に電気機関車 EF62 形と EF63 形が専用に開発された。1997 年 10 月 1 日より北陸新幹線が開通し、並行在来線である碓氷線が廃止となるため、路線及び電気機関車のさよなら運転が行われ、多くのヘッドマークが掲げられた。

開通した 1893 年と廃止となる 1997 年、ありがとうさようならを入れたデザインをベースに、様々なバリエーションのヘッドマークが作られた。これは電車特急と協調運転する EF63 形

碓氷線のさよならヘッドマーク。英語と日本語の両方があった

こちらは EF63 の正面の図案だが、ベースとなるありがとうさようならのヘッドマークがついているという再帰的なデザイン

補助機関車であったことから、峠のシェルパと呼ばれた EF63。その愛称の入ったヘッドマーク

アプト式で走行したドイツ製の蒸気機関車 3900 形

アプト式で走行したドイツ製の電気機関車 10000 形

アプト式で走行したスイス製の電気機関車 ED41

アプト式で走行した国産の電気機関車 ED42

さよなら車両

老朽化や世代交代などで引退していく車両たち。さよなら運転されたものを集めました

荷物専用電車として活躍したクモニ83形。1985年3月に中央東線での運用が終了し引退となったが、10月10日に記念走行が行われた。愛称の『ニモ電』と書かれたヘッドマークが掲げられた

首都圏では鶴見線で最後まで走っていた旧型の電車である73形。これの引退に伴い1980年1月20日に『さよなら73形』と掲げられた記念列車を走行

中央線で走行していた101系の引退に伴い、1985年4月29日に『さようなら101』のヘッドマークを掲げて記念走行が行われた

大糸線で運用されていた電気機関車 ED60 形が引退することとなり、1 号機は保存車になることに。その 1 号機によるラストランが 1984 年 3 月 25 日に行われ、大きな山形のヘッドマークが掲げられた

ED16 形の引退に伴い、1983 年 3 月 26 ～ 27 日に新宿～御嶽を走行。その際にヘッドマークが取り付けられた

2001 年 10 月 5 日。九州に残っていた最後の客車普通列車が、飯塚～若松間でラストランを迎えた際に付けたヘッドマーク。牽引する DD51 と 50 系客車が描かれている

流線形のボディを持つ EF55 形が引退するにあたり、2008 年末～ 2009 年はじめに付けられたヘッドマーク。『ありがとう EF55』『さようなら EF55』の 2 種類があった

鶴見線で 1996 年 3 月 16 日ダイヤ改正まで走っていた旧型電車のクモハ 12 形。引退後の 3 月 24 日にラストランイベントが行われ、その時にこのヘッドマークが付けられた

219

さようならJNR、こん

国鉄がJRへと分割民営化されるにあたり、1987年3月31日～4月1日にかけて記念列車を走行。JR各社へ向かう列車にそれぞれヘッドマークが掲げられた

旅立ちJR号（北海道）。上野発札幌着の列車で、上野～黒磯はEF58、黒磯～青森はED75牽引の『ふれあいみちのく』、函館～札幌はお座敷気動車『くつろぎ』で運転。北海道を象ったデザインにJRロゴが入った

旅立ちJR号（東日本）。JR東日本は本社が東京だったこともあり東北地域本社のある、上野発仙台着の列車で運行。上野～黒磯はEF65、黒磯～仙台はED75で12系お座敷客車『なごやか』を牽引。伊達政宗の兜をデザイン

旅立ちJR号（四国）。東京発宇野着（から宇高連絡船で高松）。『ゆうゆうサロン岡山』と専用の機関車EF65で走行。ヘッドマークはブルーとグリーンで、陸地や空・海を想起させるデザイン

旅立ちJR号（東海）。東京発名古屋着。EF58でお座敷列車『いこい』を牽引。ヘッドマークは、JRロゴの下に、よろしくJR東海というメッセージの入ったもの

旅立ちJR号（西日本）。東京発大阪着。EF65で、お座敷車『いこい』と座席車、展望車マイテ49を連結して走行。ヘッドマークは大阪城。テールマーク「さよぅなら国鉄」と日本列島、つばめのシルエット、JNRのロゴが入れられた

旅立ちJR号（九州）。東京駅発博多着の列車で、東京～下関はEF65、下関～門司がEF81、門司～博多をED76で牽引。ヘッドマークには大きくJRロゴが入っていた

にちはJR

民営化前には、山手線や中央線、東海道線など首都圏を走る列車に『さようならJNR』のヘッドマークが掲げられた。写真は中央快速で運用される201系につけられていたもの

民営化前後に、九州の列車で掲げられたヘッドマーク。ベースはすべて木製で、手作りのものだった

221

お祝い列車

新たな路線の開通や、新型車両の導入などの際に、特別なヘッドマークが飾られた。ここではちょっと面白いものをピックアップして紹介。

1985年9月30日に川越線が全線電化し、同時に埼京線が開業した。その際に、103系にヘッドマークが掲げられた

1978年10月2日の武蔵野線の延伸開業（新松戸〜西船橋間）の際に正面に飾られたもの。花で飾られたほか、国旗も立った

1983年の2月14日に、飯田線に119系電車が導入された際のヘッドマーク。それまで古い車両しか走ってなかったこともあってか、歓迎感にあふれている

1986年3月3日に京葉線が部分開業。走行する103系に他では見ない形のヘッドマークが着けられた

1986年3月3日に埼京線が新宿に延伸。新たな1・2番ホームが出来た。埼京線新宿駅開業を記念して、山手線に記念ヘッドマークが掲げられた

1985年、山手線の開業100周年を記念して、ヘッドマークが着けられた。写真は3月3日のもの

1976年9月4日、東海道本線・京都〜大阪間の開業100周年を記念して、C57 1と12系客車を運行。その際に付けられたヘッドマーク

国鉄型ヘッドマーク写真資料集

2023 年 7 月 25 日　初版第 1 刷発行

著	レイルウエイズ グラフィック	イラスト	豊洲機関区
発行者	西川正伸	アートディレクション	アダチヒロミ（アダチ・デザイン研究室）
		執筆	林真理子（Stun!）
発行所	株式会社グラフィック社	企画・編集	坂本章
	〒 102-0073	写真協力	伊藤昭
	東京都千代田区九段北 1-14-17		伊藤威信
	tel. 03-3263-4318（代表）		井上恒一
	03-3263-4579（編集）		牛島完
	fax. 03-3263-5297		宇都宮 照信
	郵便振替　00130-6-114345		堀江啓太郎
	http://www.graphicsha.co.jp/		宮沢孝一
			宮地元
			諸河久
			山田清
			八十島義之助
印刷・製本	図書印刷株式会社	協力	鉄道博物館
			京都鉄道博物館
			九州鉄道記念館
			JR 九州
			仙石直人

参考文献
最新増補改訂版 列車名大辞典（イカロス出版）	制定 80 周年トレインマークの誕生（東日本鉄道	鉄道ピクトリアル（電気車研究会）
JR 北海道ニュースリリース	文化財団）	鉄道ファン（交友社）
車両と電気（車両電気協会）	旅（新潮社）	電車（交友社）
ジョイフルトレイン図鑑（JTB パブリッシング）	鉄道ジャーナル（鉄道ジャーナル社）	徳島新聞 2016 年 6 月 14 日

© Railways Graphic　　ISBN978-4-7661-3783-5　C0065
Printed in Japan